한전
원자력연료

직업기초능력평가

한전원자력연료
직업기초능력평가

개정판 발행		2024년 2월 14일
개정2판 발행		2026년 3월 25일

편 저 자 | 취업적성연구소

발 행 처 | ㈜서원각

등록번호 | 1999-1A-107호

주　　소 | 경기도 고양시 일산서구 덕산로 88-45(가좌동)

교재주문 | 031-923-2051

팩　　스 | 031-923-3815

교재문의 | 카카오톡 플러스 친구[서원각]

홈페이지 | goseowon.com

PREFACE

우리나라 기업들은 1960년대 이후 현재까지 비약적인 발전을 이루었습니다. 이렇게 급속한 성장을 이룰 수 있었던 배경에는 우리나라 국민들의 근면성 및 도전정신이 있었습니다. 그러나 빠르게 변화하는 세계 경제의 환경에 적응하기 위해서는 근면성과 도전정신 이외에 또 다른 성장 요인이 필요합니다.

많은 공사·공단에서는 기존의 직무 관련성에 대한 고려 없이 인·적성, 지식 중심으로 치러지던 필기전형 대신, 산업현장에서 직무를 수행하기 위해 요구되는 능력을 산업부문별·수준별로 체계화 및 표준화한 NCS를 기반으로 하여 채용공고 단계에서 제시되는 '직무 설명자료'상의 직업기초능력과 직무수행능력을 측정하기 위한 직업기초능력평가, 직무수행능력평가 등을 도입하고 있습니다.

한전원자력연료에서도 업무에 필요한 역량 및 책임감과 적응력 등을 구비한 인재를 선발하기 위하여 고유의 직업기초능력평가를 치르고 있습니다. 본서는 한전원자력연료 채용대비를 위한 필독서로 한전원자력연료 직업기초능력평가의 출제경향을 철저히 분석하여 응시자들이 보다 쉽게 시험유형을 파악하고 효율적으로 대비할 수 있도록 구성하였습니다.

신념을 가지고 도전하는 사람은 반드시 그 꿈을 이룰 수 있습니다. 처음에 품은 신념과 열정이 취업 성공의 그 날까지 빛바래지 않도록 서원각이 수험생 여러분을 응원합니다.

STRUCTURE

기업소개 및 채용안내

입사전형을 살필 수 있는 채용안내와 면접에 유용하게 활용할 수 있는 한전원자력연료에 대한 정보를 수록하였습니다. 직업기초능력평가 시험을 준비하기 전 기업에 대한 기본적인 정보를 익히고, 채용에 유리한 전형은 어떤 것인지 살펴보세요.

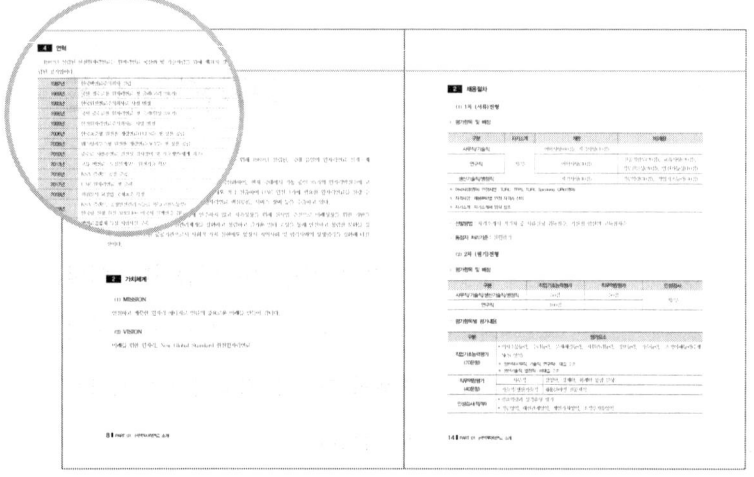

출제예상문제

영역별 출제경향

직업기초능력평가 7과목의 출제경향을 분석하여 한 눈에 볼 수 있도록 정리하였습니다. 문제풀이에 앞서 최신 출제 방식을 익혀 보세요.

영역별 대표유형문제 및 출제예상문제

각 영역마다 전형적인 유형의 문제가 존재합니다. 대표유형문제로 기초적인 감각을 익힌 뒤 적중률 높은 출제예상 문제를 통해 실전감각을 익혀 보세요.

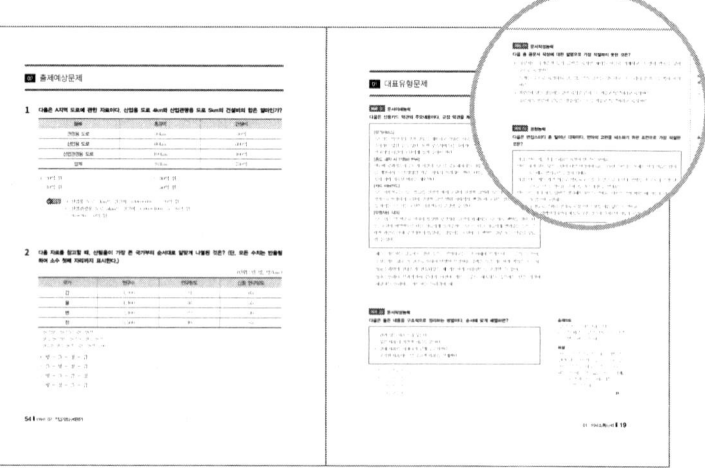

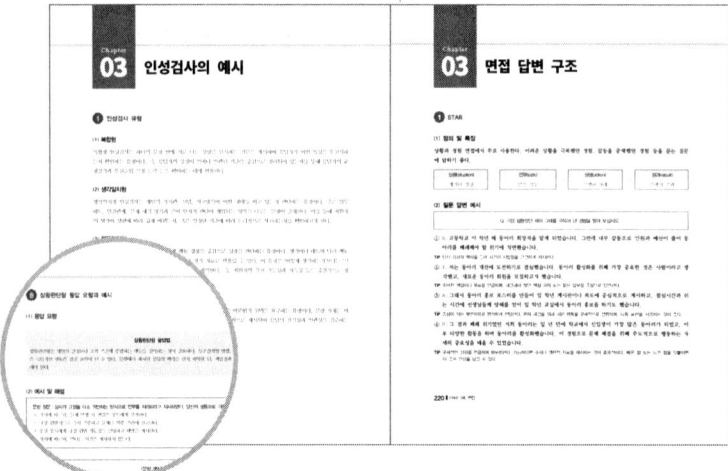

인성검사 및 면접

인성검사

전반적인 인성검사 문항에 답변하는 전략과 예시를 수록하였습니다. 인성검사 질문의 의도를 파악하는 연습을 해 보세요.

면접

면접 질문의 답변 구조와 및 감점 사항, 면접의 유형을 정리하였습니다. 또한 실제 면접에서 자주 나오는 예시 질문을 수록하였습니다. 마지막 단계인 면접까지 꼼꼼히 준비해 보세요.

CONTENTS

PART
01

한전원자력연료
소개

Chapter 01 기업소개

1 개요

한전원자력연료는 원자력연료의 국산화와 기술 자립을 위해 1982년 설립된, 국내 유일의 원자력연료 설계·제조·서비스 전문회사이다.

지난 40여 년 동안 원자력 제조 및 설계기술을 국산화하여, 현재 국내에서 가동 중인 25기의 원자력발전소에 고품질의 연료를 전량 공급하고 있으며, 해외시장에도 적극 진출하여 UAE 원전 4기에 필요한 원자력연료를 전량 수출하고 있을 뿐만 아니라, 미국 중국 등에 원자력연료 핵심부품, 서비스 장비 등을 수출하고 있다.

한전원자력연료는 지금까지의 성과에 안주하지 않고 지속성장을 위해 신사업 추진으로 미래성장을 위한 기반을 구축하여 미래를 준비하고, 안전관리체계를 강화하고 청렴하고 즐거운 일터 조성을 통해 안전하고 청렴한 문화를 정착시킬 것이다. 또한 공공기관으로서 사회적 가치 실현에도 앞장서 지역사회 및 협력사와의 상생협력을 강화해 나갈 것이다.

2 가치체계

(1) MISSION

안전하고 깨끗한 원자력 에너지로 인류의 풍요로운 미래를 만들어 갑니다.

(2) VISION

미래를 위한 원자력, New Global Standard 한전원자력연료

(3) CORE VALUE : Safe FUEL 안전한 연료

① Safe 안전 최우선
  ㉠ 국민과 구성원 안전 최우선
  ㉡ 최고수준의 안전을 바탕으로 지속가능성장 실현 및 발전

② Fairness 공정/청렴,윤리
  ㉠ 공공기관으로서 투명하고 청렴한 경영 실현
  ㉡ 구성원 간 화합, 소통 지향

③ Utmost Specialty 최고 전문성
  ㉠ 전문성을 기반으로 모든 분야에서 최고 지향
  ㉡ 무결점, 고품질의 연료 공급

④ Eco-friendly 환경 친화
  ㉠ 환경친화적 원자력연료 공급
  ㉡ 안전하고 신뢰받는 원자력 연료 공급

⑤ Leading Future 미래 선도
  ㉠ 끊임없는 혁신 추구
  ㉡ 미래 변화를 주도
  ㉢ 유연하고 창의적 사고로 독창적 미래기술 선점

3 전략체계

(1) 핵심가치

Safe FUEL 안전한 연료				
Safe 안전 최우선	Fairness 공정, 청렴	Utmost Specialty 최고 전문성	Eco-friendly 친환경	Leading Future 미래선도

(2) 경영목표

매출액 6,200억원 달성	K-Taxonomy 선도 원전연료 기술개발	지속가능경영 실현
(국내) 연료공급 30기 이상 (해외) 연료공급 10기 이상 (해외 매출 비중 30%)	(안전) 사고저항성연료 상용화 (미래) 중소형,LEU+ 원전연료 기술개발 (환경) 방폐물 저감 및 사용후연료 기술개발	(ESG) 최우수 등급 (안전) 중대재해 Zero (재무) 부채비율 50%이하

(3) 전략방향

제조혁신으로 미래 생산체계 구축 및 운영	해외사업 적극 추진 및 환경보전 사업 성과창출	안전·미래·환경 초격차 원자력기술선도로 경쟁력 확보	국민체감 경영혁신 및 국민 소통 ESG경영 추진

(4) 전략과제

- 제조혁신 생산시스템 구축 - 수요 탄력대응을 위한 전략적 생산능력 확보 - 공급망 종합관리 및 선진품질체계 구축 - 산업재해 감축 위한 안전환경체계 확립	- 해외 원전사업 성과 창출 - 부품·장비·서비스 수출 확보 - 환경보전형 미래사업 추진 - 해외 및 미래사업 추진 기반 구축	- 안전 최우선 기술개발 - 미래기술 선도를 위한 원천기술 확보 - 세계수준 경쟁력 확보 위한 설계기술 등 고도화 - 환경성 확보 기술개발	- 국민·직원 체감 경영혁신 추진 - 이해관계자 소통 및 사회책임경영 이행 - 국민 눈높이에 맞춘 공정·청렴 인프라 강화 - 탄소중립 선도로 국민안심 환경망 구축

4 **연혁**

1982년 설립된 한전원자력연료는 원자력연료 국산화 및 기술자립을 위해 제31차 경제장관협의회 결정에 따라 설립된 공기업이다.

1982년	한국핵연료주식회사 설립
1989년	국산 경수로용 원자력연료 첫 출하(고리 2호기)
1993년	한국원전연료주식회사로 사명 변경
1998년	국산 중수로용 원자력연료 첫 출하(월성 3호기)
1999년	한전원자력연료주식회사로 사명 변경
2006년	한국표준형 원전용 개량연료(PLUS7) 첫 상용 공급
2008년	웨스팅하우스형 원전용 개량연료(ACE7) 첫 상용 공급
2010년	중수로 사용후연료 건전성 검사장비 및 기술개발(세계 최초)
2013년	고유 핵연료·노심설계코드 원천기술 확보
2016년	NSA 플랜트 공장 준공
2017년	UAE 원자력연료 첫 출하
2018년	회귀분석 교정법 국제표준 확정
2019년	NSA 플랜트, 공정안전관리 S등급 획득(고용노동부) 한국형 신형 원전 APR1400 미국서 설계인증 취득
2020년	핵연료집합체 특성 시험시설 구축
2021년	방사능오염 폐기물 제염기술 개발 관련 특허 취득
2022년	국내기술 개발로 국제요건 갖춘 경수로연료 운반용기 인허가 획득
2023년	2023 국가산업대상 품질혁신부문 대상 수상
2024년	2023년도 경영평가 최우수(S) 등급 달성(산업부 주관)

5 　주요 사업

(1) 원자력연료설계

노심설계, 안전해석 및 고부가가치 엔지니어링 서비스 제공

(2) 원자력연료제조

1989년부터 국내 소요 원자력연료 생산·공급

(3) 원자력연료서비스

손상 원자력연료에 대한 수리와 손상원인 규명검사를 직접 실시

(4) R&D

① 고유 원자력연료 개발

② 고유 노심설계·안전해석 및 운전지원 원천기술 완성

③ 국제표준 설계코드 품질보증 시스템 개발

(5) 해외사업

① 해외 신규원전 사업

② 원자력연료 기술 수출 사업

(6) 합작투자사업

제어봉집합체 제조

Chapter 02 채용안내

1 인재상

(1) 전문역량을 갖춘

"글로벌 수준의 전문역량을 갖춘 공부하는 사람"입니다.

합리적인 사고를 바탕으로 전문지식과 기술을 습득하여 담당직무의 최고 전문가를 지향하는 글로벌 수준의 전문역량을 갖춘 사람으로서 명확한 목표의식 속에 자신의 위치를 파악하여 무한 경쟁시대에 살아남을 수 있도록 자기계발을 위해 끊임없이 공부하는 사람입니다.

(2) 진취적이고

"경영환경의 변화를 선도하여 세계화를 개척하는 진취적인 사람"입니다.

21세기 변화를 주도할 확고한 꿈을 지니고 세계화에 발맞추어 국제적 안목과 적극적인 도전과 개혁의지를 갖고 능동적인 사고와 행동으로 무한한 가능성과 새로운 가치를 개척해 가는 진취적인 사람입니다.

(3) 창의적인 사람

"창조적 예지로서 창의력을 발휘하는 미래 지향적인 사람"입니다.

창의적 사고방식으로 다양한 관점에서 새로운 것을 탐구하고 창조적 예지로서 문제를 해결할 수 있는 새로운 아이디어를 창출해 내며 변화를 리드하여 가치창조로 연결할 줄 아는 미래 지향적인 사람입니다.

2 채용절차

(1) 1차 (서류)전형

① 평가항목 및 배점

구분	자기소개	계량	비계량
사무직/기술직		어학사항(60점), 자격사항(40점)	-
연구직	적/부	어학사항(30점)	전공적합도(20점), 교육사항(20점), 직무전문성(20점), 발전가능성(10점)
생산기술직/별정직		자격사항(40점)	직무역량(30점), 직업기초능력(30점)

※ 어학사항(영어) 인정시험 : TOEIC, TEPS, TOEIC Speaking, OPIc(영어)

※ 자격사항 : 채용분야별 인정 자격증 상이

※ 자기소개 : 자기소개서 양식 참조

② 선발방법 : 자기소개서 적격자 중 서류전형 취득점수, 가산점 합산의 고득점자순

③ 동점자 처리기준 : 전원합격

(2) 2차 (필기)전형

① 평가항목 및 배점

구분	직업기초능력평가	직무역량평가	인성검사
사무직/기술직/생산기술직/별정직	50점	50점	적/부
연구직	100점	-	

② 평가항목별 평가내용

구분	평가요소	
직업기초능력평가 (70문항)	• 의사소통능력, 수리능력, 문제해결능력, 자원관리능력, 정보능력, 기술능력, 조직이해능력(7개 NCS 영역) ※ 일반직(사무직, 기술직, 연구직) : 대졸 수준 ※ 생산기술직, 별정직 : 비대졸 수준	
직무역량평가 (40문항)	사무직	경영학, 경제학, 회계학 통합 문항
	기술직/생산기술직	채용분야별 전공지식
인성검사(적/부)	• 필요역량과 성격유형 평가 • 직무영역, 대인관계영역, 개인가치영역, 조직부적응영역	

③ **선발방법** : 인성검사 적격자 중 필기전형 취득점수, 가산점 합산의 고득점자순

④ **동점자 처리기준** : 전원 합격

(3) 3차 (면접)전형

① **평가항목 및 배점**

구분	역량면접		토의면접
사무직/기술직	경험·상황 면접 등	100점	50점
연구직	역량발표(교육사항, 연구실적, 논문 등), 경험면접 등	100점	50점
생산기술직/별정직	경험·상황 면접	100점	–

※ 연구 역량발표 면접
- 발표시간 : 5분
- 본인 주요 역량(전공, 교육사항, 연구실적, 학위논문, 학술지 게재논문 등) 관련 채용분야에 기여할 수 있는 내용으로 작성
- 발표자료는 면접대상자에 한하여 '채용 홈페이지'에 업로드(별도 공지)

② **선발방법** : 필기전형 점수(30%), 면접전형 취득점수(70%), 가산점 합산의 고득점자순

③ **동점자 처리기준** : ① 취업지원대상자 ② 장애인 ③ 저소득계층 ④ 면접전형 점수 고득점자 ⑤ 필기전형 직무역량 평가 점수 고득점자 ⑥ 필기전형 직업기초능력평가 점수 고득점자 ⑦ 서류전형 점수 고득점자
　※ 단, 직종에 따라 평가하지 않는 항목이 있을 경우 해당 항목을 제외한 순서로 한다.

(4) 최종

① **채용검진** : 전문병원 의뢰(장소 : 대전)
　※ 관련 법령 또는 해당 직무상 신체검사가 필요한 경우에 한하여 적/부 판정

② **신원조사** : 경찰청 의뢰 및 신원조사 결과에 따라 적/부 판정

의사소통능력

[의사소통능력] 출제유형

① 문서이해능력 : 업무 관련성이 높은 문서에 대한 독해능력과 업무와 관련된 내용을 메모의 내용을 묻는 문제이다.

② 문서작성능력 : 공문서, 기안서, 매뉴얼 등 특정 양식을 작성할 때 주의사항이나 빈칸 채우기와 같은 유형으로 구성된다.

③ 경청능력 : 제시된 상황을 적절하게 경청하는 것을 묻는 문제이다.

④ 의사표현능력 : 제시된 상황에 대한 적절한 의사표현을 고르는 문제이다.

⑤ 기초외국어능력 : 외국과 우리나라의 문화차이로 발생하는 상황에 대한 문제이다.

[의사소통능력] 출제경향

문서를 읽거나 상대방의 말을 듣고 의미하는 바를 정확히 파악하여 자신의 의사를 표현·전달하는 능력을 의미한다. 복합형으로 주로 출제되며 지문에는 보도자료, 참고자료, 회의자료, 상품설명서 등의 자료로 글의 흐름이나 유추하는 독해능력을 물어보는 질문이 주를 이룬다. 난이도는 상대적으로 높지는 않으나 꼼꼼히 읽지 않으면 틀리기 쉽도록 되는 편이다. 문제를 빠르고 정확하게 이해하는 능력이 필요하다.

[의사소통능력] 유형별 출제빈도

출제유형	출제빈도								
문서이해능력									
문서작성능력									
경청능력									
의사표현능력									
기초외국어능력									

예제 01 문서이해능력

다음은 신용카드 약관의 주요내용이다. 규정 약관을 제대로 이해하지 못한 사람은?

[부가서비스]
카드사는 법령에서 정한 경우를 제외하고 상품을 새로 출시한 후 1년 이내에 부가서비스를 줄이거나 없앨 수가 없다. 또한 부가서비스를 줄이거나 없앨 경우에는 그 세부내용을 변경일 6개월 이전에 회원에게 알려 주어야 한다.

[중도 해지 시 연회비 반환]
연회비 부과기간이 끝나기 이전에 카드를 중도해지하는 경우 남은 기간에 해당하는 연회비를 계산하여 10일(영업일 기준) 이내에 돌려줘야 한다. 다만, 카드 발급 및 부가서비스 제공에 이미 지출된 비용은 제외된다.

[카드 이용한도]
카드 이용한도는 카드 발급을 신청할 때에 회원이 신청한 금액과 카드사의 심사 기준을 종합적으로 반영하여 회원이 신청한 금액 범위 이내에서 책정되며 회원의 신용도가 변동되었을 때에는 카드사는 회원의 이용한도를 조정할 수 있다.

[부정사용 책임]
카드 위조 및 변조로 인하여 발생된 부정사용 금액에 대해서는 카드사가 책임을 진다. 다만, 회원이 비밀번호를 다른 사람에게 알려주거나 카드를 다른 사람에게 빌려주는 등의 중대한 과실로 인해 부정사용이 발생하는 경우에는 회원이 그 책임의 전부 또는 일부를 부담할 수 있다.

① 혜수 : 카드사는 법령에서 정한 경우를 제외하고는 1년 이내에 부가서비스를 줄일 수 없어.
② 진성 : 카드 위조 및 변조로 인하여 발생된 부정사용 금액은 일괄 카드사가 책임을 지게 돼.
③ 영훈 : 회원의 신용도가 변경되었을 때 카드사가 이용한도를 조정할 수 있어.
④ 영호 : 연회비 부과기간이 끝나기 이전에 카드를 중도 해지하는 경우에는 남은 기간에 해당하는 연회비를 카드사는 돌려줘야 해.

출제의도
주어진 약관의 내용을 읽고 그에 대한 상세 내용의 정보를 이해하는 능력을 측정하는 문항이다.

해설
부정사용에 대해 고객의 과실이 있으면 회원이 그 책임의 전부 또는 일부를 부담할 수 있다.

》 ②

예제 02 문서작성능력

다음은 들은 내용을 구조적으로 정리하는 방법이다. 순서에 맞게 배열하면?

㉠ 관련 있는 내용끼리 묶는다.
㉡ 묶은 내용에 적절한 이름을 붙인다.
㉢ 전체 내용을 이해하기 쉽게 구조화한다.
㉣ 중복된 내용이나 덜 중요한 내용을 삭제한다.

① ㉠, ㉡, ㉢, ㉣
② ㉠, ㉡, ㉣, ㉢
③ ㉡, ㉠, ㉢, ㉣
④ ㉡, ㉠, ㉣, ㉢

출제의도
음성정보는 문자정보와는 달리 쉽게 잊혀 지기 때문에 음성정보를 구조화 시키는 방법을 묻는 문항이다.

해설
내용을 구조적으로 정리하는 방법은 '㉠ 관련 있는 내용끼리 묶는다. → ㉡ 묶은 내용에 적절한 이름을 붙인다. → ㉣ 중복된 내용이나 덜 중요한 내용을 삭제한다. → ㉢ 전체 내용을 이해하기 쉽게 구조화한다.'가 적절하다.

》 ②

다음 중 공문서 작성에 대한 설명으로 가장 적절하지 못한 것은?

① 공문서나 유가증권 등에 금액을 표시할 때에는 한글로 기재하고 그 옆에 괄호를 넣어 숫자로 표기한다.

② 날짜는 숫자로 표기하되 년, 월, 일의 글자는 생략하고 그 자리에 온점(.)을 찍어 표시한다.

③ 첨부물이 있는 경우에는 붙임 표시문 끝에 1자 띄우고 "끝."이라고 표시한다.

④ 공문서의 본문이 끝났을 경우에는 1자를 띄우고 "끝."이라고 표시한다.

출제의도
업무를 할 때 필요한 공문서 작성법을 잘 알고 있는지를 측정하는 문항이다.

해설
공문서 금액 표시
아라비아 숫자로 쓰고, 숫자 다음에 괄호를 하여 한글로 기재한다.

》 ①

다음은 면접스터디 중 일어난 대화이다. 민아의 고민을 해소하기 위한 조언으로 가장 적절한 것은?

> 지섭 : 민아 씨, 어디 아파요? 표정이 안 좋아 보여요.
> 민아 : 제가 원서 넣은 공단이 내일 면접이어서요. 그동안 스터디를 통해서 면접 연습을 많이 했는데도 벌써부터 긴장이 되네요.
> 지섭 : 민아 씨는 자기 의견도 명확히 피력할 줄 알고 조리 있게 설명을 잘 하시니 걱정 안 하셔도 될 것 같아요. 손에 꽉 쥐고 계신 건 뭔가요?
> 민아 : 아, 제가 예상 답변을 정리해서 모아둔 거예요. 내용은 거의 외웠는데 이렇게 쥐고 있지 않으면 불안해서.
> 지섭 : 그 정도로 준비를 철저히 하셨으면 걱정할 이유 없을 것 같아요.
> 민아 : 그래도 압박면접이거나 예상치 못한 질문이 들어오면 어떻게 하죠?
> 지섭 : _____

① 시선을 적절히 처리하면서 부드러운 어투로 말하는 연습을 해보는 건 어때요?

② 공식적인 자리인 만큼 옷차림을 신경 쓰는 게 좋을 것 같아요.

③ 당황하지 말고 질문자의 의도를 잘 파악해서 침착하게 대답하면 되지 않을까요?

④ 예상 질문에 대한 답변을 좀 더 정확하게 외워보는 건 어떨까요?

출제의도
상대방이 하는 말을 듣고 질문 의도에 따라 올바르게 답하는 능력을 측정하는 문항이다.

해설
민아는 압박질문이나 예상치 못한 질문에 대해 걱정을 하고 있으므로 침착하게 대응하라고 조언을 해주는 것이 좋다.

》 ③

당신은 팀장님께 업무 지시내용을 수행하고 결과물을 보고 드렸다. 하지만 팀장님께서는 "최대리 업무를 이렇게 처리하면 어떡하나? 누락된 부분이 있지 않은가."라고 말하였다. 이에 대해 당신이 행할 수 있는 가장 부적절한 대처 자세는?

① "죄송합니다. 제가 잘 모르는 부분이라 이수혁 과장님께 부탁을 했는데 과장님께서 실수를 하신 것 같습니다."

② "주의를 기울이지 못해 죄송합니다. 어느 부분을 수정보완하면 될까요?"

③ "지시하신 내용을 제가 충분히 이해하지 못하였습니다. 내용을 다시 한 번 여쭤보아도 되겠습니까?"

④ "부족한 내용을 보완하는 자료를 취합하기 위해서 하루정도가 더 소요될 것 같습니다. 언제까지 재작성하여 드리면 될까요?"

출제의도
상사가 잘못을 지적하는 상황에서 어떻게 대처해야 하는지를 묻는 문항이다.

해설
상사가 부탁한 지시사항을 다른 사람에게 부탁하는 것은 옳지 못하며 설사 그렇다고 해도 그 일의 과오에 대해 책임을 전가하는 것은 지양해야 할 자세이다.

》 ①

1 아래에 제시된 네 개의 문장 (가) ~ (라)를 문맥에 맞는 순서대로 나열한 것은 어느 것인가?

> (가) 공산품을 제조·유통·사용·폐기하는 과정에서 생태계가 정화시킬 수 있는 정도 이상의 오염물이 배출되고 있기 때문에 다양한 형태의 생태계 파괴가 일어나고 있다.
>
> (나) 생태계 파괴는 곧 인간에게 영향을 미치므로 생태계의 건강관리에도 많은 주의를 기울여야 할 것이다.
>
> (다) 최근 '웰빙'이라는 말이 유행하면서 건강에 더 많은 신경을 쓰는 사람들이 늘어나고 있다.
>
> (라) 그러나 인간이 살고 있는 환경 자체의 건강에 대해서는 아직도 많은 관심을 쏟고 있지 않는 것 같다.

① (나) − (가) − (다) − (라)

② (가) − (나) − (라) − (다)

③ (나) − (가) − (라) − (다)

④ (다) − (라) − (가) − (나)

> ✔해설 ④ (다)에서 웰빙에 대한 화두를 던지고 있으나, (라)에서 반전을 이루며 인간의 건강이 아닌 환경의 건강을 논하고자 하는 필자의 의도를 읽을 수 있다. 이에 따라 환경 파괴에 의한 생태계의 변화와 그러한 상태계의 변화가 곧 인간에게 영향을 미치게 된다는 논리를 펴고 있으므로 이어서 (가), (나)의 문장이 순서대로 위치하는 것이 가장 적절한 문맥의 흐름이 된다.

2 다음은 개인정보 보호법과 관련한 사법 행위의 내용을 설명하는 글이다. 다음 글을 참고할 때, '공표' 조치에 대한 올바른 설명이 아닌 것은?

개인정보 보호법 위반과 관련한 행정 처분의 종류에는 처분 강도에 따라 과태료, 과징금, 시정조치, 개선권고, 징계권고, 공표 등이 있다. 이 중, 공표는 행정 질서 위반이 심하여 공공에 경종을 울릴 필요가 있는 경우 명단을 공표하여 사회적 낙인을 찍게 함으로써 경각심을 주는 제재 수단이다.

개인정보 보호법 위반행위가 은폐·조작, 과태료 1천만 원 이상, 유출 등 다음 7가지 공표 기준에 해당하는 경우, 위반행위자, 위반행위 내용, 행정 처분 내용 및 결과를 포함하여 개인정보 보호위원회의 심의·의결을 거쳐 공표한다.

〈7가지 공표기준〉
- 1회 과태료 부과 총 금액이 1천만 원 이상이거나 과징금 부과를 받은 경우
- 유출·침해사고의 피해자 수가 10만 명 이상인 경우
- 다른 위반행위를 은폐·조작하기 위하여 위반한 경우
- 유출·침해로 재산상 손실 등 2차 피해가 발생하였거나 불법적인 매매 또는 건강 정보 등 민감 정보의 침해로 사회적 비난이 높은 경우
- 위반행위 시점을 기준으로 위반 상태가 6개월 이상 지속된 경우
- 행정 처분 시점을 기준으로 최근 3년 내 과징금, 과태료 부과 또는 시정조치 명령을 2회 이상 받은 경우
- 위반행위 관련 검사 및 자료제출 요구 등을 거부·방해하거나 시정조치 명령을 이행하지 않음으로써 이에 대하여 과태료 부과를 받은 경우

공표절차는 과태료 및 과징금을 최종 처분할 때 ① 대상자에게 공표 사실을 사전 통보, ② 소명자료 또는 의견 수렴 후 개인정보보호위원회 송부, ③ 개인정보보호위원회 심의·의결, ④ 홈페이지 공표 순으로 진행된다.

공표는 행정안전부장관의 처분 권한이지만 개인정보보호위원회의 심의·의결을 거치게 함으로써 개인정보 보호법 위반자에 대한 행정청의 제재가 자의적이지 않고 공정하게 행사되도록 조절해 주는 장치를 마련하였다.

① 공표는 개인정보 보호법 위반에 대한 가장 무거운 행정 조치이다.
② 행정안전부장관이 공표를 결정하면 반드시 최종 공표 조치가 취해지는 것은 아니다.
③ 공표 조치가 내려진 대상자는 공표와 더불어 반드시 1천만 원 이상의 과태료를 납부하여야 한다.
④ 공표 조치를 받는 대상자는 사전에 이를 통보받게 된다.

✔ **해설** ③ 1천만 원 이상의 과태료가 내려지게 되면 공표 조치의 대상이 되나, 모든 공표 조치 대상자들이 과태료를 1천만 원 이상 납부해야 하는 것은 아니다. 예컨대, 최근 3년 내 시정조치 명령을 2회 이상 받은 경우에도 공표 대상에 해당되므로, 과태료 금액에 의한 공표 대상자 자동 포함 이외에도 공표 대상에 포함될 경우가 있게 되어 반드시 1천만 원 이상의 과태료가 공표 대상자에게 부과된다고 볼 수는 없다.
① 행정 처분의 종류를 처분 강도에 따라 구분하였으며, 이에 따라 가장 무거운 조치가 공표인 것으로 판단할 수 있다.
② 제시글의 마지막 부분에서 언급하였듯이 개인정보보호위원회 심의·의결을 거쳐야 하므로 행정안전부장관의 결정이 최종적인 것이라고 단언할 수는 없다.
④ 과태료 또는 과징금 처분 시에 공표 사실을 대상자에게 사전 통보하게 된다.

3 다음은 T공사의 단독주택용지 수의계약 공고문 중 일부이다. 공고문의 내용을 올바르게 이해한 것은?

○○ 블록형 단독주택용지(1필지) 수의계약 공고

1. 공급대상토지

블록	면적(m²)	세대수 (호)	평균 규모	용적률 (%)	공급가격 (천 원)	계약보증금 (원)	토지사용 가능시기
△△	25,479	63	400m²	100% 이하	36,944,550	3,694,455,000	즉시

2. 공급일정 및 장소

일정	2026년 3월 11일 오전 10시부터 선착순 수의계약 (토·일요일 및 공휴일, 업무시간외는 제외)
장소	T공사 XX 지역본부 XX 사업본부 판매 1부

3. 신청자격

실수요자 : 공고일 현재 주택법에 의한 주택건설사업자로 등록한 자

3년 분할납부(무이자) 조건의 토지매입 신청자
* 납부조건: 계약체결 시 계약금 10% 중도금 및 잔금 90%(6개월 단위 6회 납부)

4. 계약체결 시 구비서류
   - 법인등기부등본 및 사업자등록증 사본 각 1부
   - 법인인감증명서 1부 및 법인인감도장(사용인감계 및 사용인감)
   - 대표자 신분증 사본 1부(위임시 위임장 1부 및 대리인 신분증 제출)
   - 주택건설사업자등록증 1부
   - 계약금 납입영수증

---

① 계약 체결이 되면 즉시 해당 토지에 단독주택을 건설할 수 있다.

② 계약 체결 후 첫 번째 내야 할 중도금은 33,250,095,000원이다.

③ 규모 400m²의 단독주택용지를 일반 수요자에게 분양하는 공고이다.

④ 계약에 대한 보증금이 공급가격보다 더 높아 실수요자에게 부담을 줄 우려가 있다.

✔ **해설** ① 부지 용도가 단독주택용지이고 토지사용 가능시기가 '즉시'라는 공고를 통해 계약만 이루어지면 즉시 이용이 가능한 토지임을 알 수 있다.
② 계약 체결 후 총 납입해야 할 금액은 계약금을 제외한 33,250,095,000원이다.
③ 규모 400㎡의 단독주택용지를 주택건설업자에게 분양하는 공고이다.
④ 계약금은 공급가격의 10%로 보증금이 더 적다. 표의 단위를 기억해야 한다.

ANSWER 2.③ 3.①

4 다음은 K공사의 신입사원 채용에 관한 안내문의 일부 내용이다. 다음 내용을 근거로 할 때, K공사가 안내문의 내용에 부합되게 취할 수 있는 행동이라고 볼 수 없는 것은?

○ 모든 응시자는 1인 1개 분야만 지원할 수 있습니다.
○ 응시희망자는 지역제한 등 응시자격을 미리 확인하고 응시원서를 접수하여야 하며, 응시원서의 기재사항 착오 · 누락, 공인어학능력시험 점수 · 자격증 · 장애인 · 취업지원대상자 가산점수 · 가산비율 기재 착오, 연락불능 등으로 발생되는 불이익은 일체 응시자의 책임으로 합니다.
○ 입사지원서 작성내용은 추후 증빙서류 제출 및 관계기관에 조회할 예정이며 내용을 허위로 입력한 경우에는 합격이 취소됩니다.
○ 응시자는 시험장소 공고문, 답안지 등에서 안내하는 응시자 주의사항에 유의하여야 하며, 이를 준수하지 않을 경우에 본인에게 불이익이 될 수 있습니다.
○ 원서접수결과 지원자가 채용예정인원 수와 같거나 미달하더라도 적격자가 없는 경우 선발하지 않을 수 있습니다.
○ 시험일정은 사정에 의하여 변경될 수 있으며 변경내용은 7일 전까지 공사 채용홈페이지를 통해 공고할 계획입니다.
○ 제출된 서류는 본 채용목적 이외에는 사용하지 않으며, 채용절차의 공정화에 관한 법령에 따라 최종합격자 발표일 이후 180일 이내에 반환청구를 할 수 있습니다.
○ 최종합격자 중에서 신규임용후보자 등록을 하지 않거나 관계법령에 의한 신체검사에 불합격한 자 또는 공사 인사규정 제21조에 의한 응시자격 미달자는 신규임용후보자 자격을 상실하고 차순위자를 추가합격자로 선발할 수 있습니다.
○ 임용은 교육성적을 포함한 채용시험 성적순으로 순차적으로 임용하되, 장애인 또는 경력자의 경우 성적순위에도 불구하고 우선 임용될 수 있습니다.
    ※ 공사 인사규정 제22조 제2항에 의거 신규임용후보자의 자격은 임용후보자 등록일로부터 1년으로 하며, 필요에 따라 1년의 범위 안에서 연장될 수 있습니다.

---

① 동일한 응시자가 기계직과 운영직에 동시 응시를 한 사실이 뒤늦게 발견되어 임의로 기계직 응시 관련 사항 일체를 무효처리하였다.

② 대학 졸업예정자로 채용된 A 씨는 마지막 학기 학점이 부족하여 졸업이 미뤄지는 바람에 채용이 취소되었다.

③ 50명 선발이 계획되어 있었고, 45명이 지원을 하였으나 42명만 선발하였다.

④ 최종합격자 중 신규임용후보자 자격을 상실한 자가 있어 불합격자 중 임의의 인원을 추가 선발하였다.

> **✔ 해설** ④ 결원이 생겼을 때에는 그대로 추가 선발 없이 채용을 마감할 수 있으며, 추가합격자를 선발할 경우 반드시 차순위자를 선발하여야 한다.
> ① 모든 응시자는 1인 1개 분야만 지원할 수 있다.
> ② 입사지원서 작성 내용과 다르게 된 결과이므로 취소 처분이 가능하다.
> ③ 지원자가 채용예정인원 수와 같거나 미달하더라도 적격자가 없는 경우 선발하지 않을 수 있다.

5 다음은 T전자회사가 기획하고 있는 '전자제품 브랜드 인지도에 관한 설문조사'를 위하여 작성한 설문지의 표지 글이다. 다음 표지 글을 참고할 때, 설문조사의 항목에 포함되기에 가장 적절하지 않은 것은?

전자제품 브랜드 인지도에 관한 설문조사

안녕하세요? T전자회사 홍보팀입니다.

저희 T전자에서는 고객들에게 보다 나은 제품을 제공하기 위하여 전자제품 브랜드 인지도에 대한 고객 분들의 의견을 청취하고자 합니다. 전자제품 브랜드에 대한 여러분의 의견을 수렴하여 더 좋은 제품과 서비스를 공급하고자 하는 것이 설문조사의 목적입니다. 바쁘시더라도 잠시 시간을 내어 본 설문조사에 응해 주시면 감사하겠습니다. 응답해 주신 사항에 대한 철저한 비밀 보장을 약속드립니다. 감사합니다.

T전자회사 홍보팀 담당자 홍길동
전화번호 : 1588-0000

---

① 귀하는 지난 1년 간 전자제품을 약 몇 회 구매하셨습니까?

(   )회

② 귀하가 주로 이용하는 전자제품은 어느 회사 제품입니까?

㉠ T전자회사　　㉡ R전자회사　　㉢ M전자회사　　㉣ 기타 (　　　　　)

③ 귀하에게 전자제품 브랜드 선택에 가장 큰 영향을 미치는 요인은 무엇입니까?

㉠ 광고　　㉡ 지인 추천　　㉢ 기존 사용 제품　　㉣ 기타 (　　　　)

④ 귀하가 일상생활에 가장 필수적이라고 생각하시는 전자제품은 무엇입니까?

㉠ TV　　㉡ 통신기기　　㉢ 청소용품　　㉣ 기타 (　　　　　)

✔해설　④ 설문조사지는 내가 의도한 분석 목적에 사용이 가능한 답변을 유도할 수 있도록 작성되어야 한다. 제시된 설문조사의 목적은 보다 나은 제품과 서비스 공급을 위하여 브랜드 인지도를 조사하는 것이므로, 자사의 제품이 얼마나 고객들에게 인지되어 있는지, 어떻게 인지되었는지, 전자제품의 품목별 선호 브랜드가 동일한지 여부 등과 설문에 응한 응답자가 전자제품을 얼마나 자주 구매하는지 등이 브랜드 인지도 향상을 위한 T전자회사의 전략 수립에 사용이 가능한 자료라고 할 수 있다. 그러나 ④와 같은 질문은 특정 제품의 필요성을 묻고 있으므로 자사의 브랜드 인지도 제고와의 연관성이 낮아 설문조사 항목으로 가장 적절하지 않은 것으로 볼 수 있다.

ANSWER　4.④　5.④

6 다음 글의 단락 ㈎ ~ ㈑를 문맥에 맞는 순서로 적절하게 재배열한 것은?

㈎ 가벼울수록 에너지 소모가 줄어들기 때문에 철도차량은 끊임없이 경량화를 추구하고 있다. 물론 차량속도를 높이기 위해서 추진 장치의 성능을 높일 수도 있지만, 이는 가격상승과 더 많은 전력 손실을 가져온다. 또한 차량은 무거울수록 축중이 증가해 궤도와 차륜의 유지보수 비용이 증가하고, 고속화했을 때 그만큼 안전성이 떨어지는 등의 문제가 있기 때문에 경량화는 열차의 설계에 있어서 필수적인 사항이 되었다.

㈏ 이를 위해 한 종류의 소재로 전체 차체구조에 적용하는 것이 아니라, 소재의 기계적 특성과 해당 부재의 기능적 역할에 맞게 2종류 이상의 소재를 동시에 적용하는 하이브리드형 차체가 개발되었다. 예를 들면 차체 지붕은 탄소섬유강화플라스틱(CFRP)과 알루미늄 압출재, 하부구조는 스테인리스 스틸 또는 고장력강 조합 등으로 구성되는 등 다양한 소재를 병용해 사용하고 있는 것이다. 이렇게 복합재료를 사용하는 것은 두 가지 이상의 독립된 재료가 서로 합해져서 보다 우수한 기계적 특성을 나타낼 수 있기 때문이다.

㈐ 초기의 철도 차량은 오늘날과 전혀 다른 소재와 모양을 하고 있었다. 열차가 원래 마차를 토대로 만들어졌고, 증기기관의 성능도 뛰어나지 못해 대형 차량을 끌 수 없었기 때문이다. 하지만 크기가 커지고 벽과 기둥, 창문이 설치되면서 집과 유사한 형태를 가지게 되었다. 열차의 차체는 가벼운 목재에서 제철산업이 발달하면서 강제로 변화되었다. 이는 충돌, 탈선 및 전복, 화재 등의 사고가 발생했을 때 목재 차체는 충분한 안전을 확보하는데 어렵기 때문이다. 물론 생산제조 기술의 발전으로 금속재료 차체들의 소재원가 및 제조비용이 낮아졌다는 것도 중요한 이유라고 할 수 있다.

㈑ 철강 기술이 발달하면서 차체의 다양한 부위에 녹슬지 않는 스테인리스를 사용하게 되었고, 구조적인 변화도 생겼다. 차량은 단순한 상자 모양에서 프레임 위에 상자 모양의 차체를 얹어서 만드는 형태로 진화했고, 위치에 따라 작용하는 힘의 크기를 계산해 다양한 재료를 사용하기에 이르렀다. 강재나 SUS(스테인리스 스틸), 알루미늄 합금 등 다양한 금속재료를 활용하는 등 소재의 종류도 크게 증가했다. 금속소재뿐만 아니라 엔지니어링 플라스틱이나 섬유강화복합(FRP, Fiber Reinforced Polymer) 소재와 같은 비금속 재료도 많이 활용되었다. FRP는 우수한 내식성과 성형성을 가진 에폭시나 폴리에스터와 같은 수지를 유리나 탄소섬유처럼 뛰어난 인장과 압축강도를 가진 강화재로 강도를 보강해 두 가지 재료의 강점만 가지도록 만든 것이다.

① ㈐ - ㈑ - ㈎ - ㈏   ② ㈑ - ㈐ - ㈎ - ㈏

③ ㈐ - ㈑ - ㈏ - ㈎   ④ ㈏ - ㈑ - ㈎ - ㈐

 ① 철도 차량 소재의 변천 과정을 설명하고 있는 글로서, 최초의 목재에서 안전을 위한 철제 재료가 사용되었음을 언급하는 ㈐ 단락이 가장 처음에 위치한다. 이러한 철제 재료가 부식 방지와 강도 보강을 목적으로 비금속 재료로 대체 사용되기도 하였으며, 이후 강도 보강에 이은 경량화를 목적으로 소재가 바뀌게 되었고, 다시 하이브리드형 소재의 출현으로 부위별 다양한 소재의 병용 사용을 통한 우수한 기계적 특성 구현이 가능하게 되었다. 따라서 이러한 소재의 변천 과정을 순서대로 나열한 ㈐ - ㈑ - ㈎ - ㈏가 가장 자연스러운 문맥의 흐름이다.

7 다음 글을 통해서 타당하게 결론지을 수 있는 것이 아닌 것은?

> 신혼부부 가구의 주거안정을 위해서는 우선적으로 육아·보육지원 정책의 확대·강화가 필요한 것으로 나타났다. 신혼부부 가구는 주택마련 지원정책보다 육아수당, 육아보조금, 탁아시설 확충과 같은 육아·보육지원 정책의 확대·강화가 더 필요하다고 생각하고 있으며 특히, 믿고 안심할 수 있는 육아·탁아시설 확대가 필요한 것으로 나타났다. 이는 보육기관 아동학대 문제 등 사회적 분위기에 영향을 받은 것으로 사료되며, 또한 맞벌이 가구의 경우는 자녀의 안정적인 보육환경이 전제되어야만 안심하고 경제활동을 할 수 있기 때문으로 사료된다.
>
> 신혼부부 가구 중 아내의 경제활동 비율은 평균 38.3%이며, 맞벌이 비율은 평균 37.2%로 나타났다. 일반적으로 자녀 출산 시기로 볼 수 있는 혼인 3년차에서 30% 수준까지 낮아지는 경향을 보이고 있는데 이는 자녀의 육아환경 때문으로 판단된다. 또한, 외벌이 가구의 81.5%가 자녀의 육아·보육을 위해 맞벌이를 하지 않는 것으로 나타났는데 이는 결혼 여성의 경제활동 지원을 위해서는 무엇보다 육아를 위한 보육시설 확대가 필요하다는 것을 시사한다. 맞벌이의 주된 목적이 주택비용 마련임을 고려할 때, 보육시설의 확대는 결혼 여성의 경제활동 기회를 제공하여 신혼부부 가구의 경제력을 높게 되고, 내 집 마련 시기를 앞당기는 기회를 제공할 수 있다는 점에서 중요성을 갖는다.
>
> 특히, 신혼부부 가구가 계획하고 있는 총 자녀의 수가 1.83명이나 자녀양육의 환경문제 등으로 추가적인 자녀계획을 포기하는 경우가 있을 수 있으므로 실제 이보다 낮은 자녀수를 나타낼 것으로 예상된다. 따라서 인구증가를 위한 출산장려를 위해서도 결혼 여성의 경제활동을 지원하기 위한 현재의 정책보다 강화된 국가적 차원의 배려와 관심이 필요하다고 할 수 있다.

① 육아·보육지원은 신혼부부의 주거안정을 위한 정책이다.

② 신혼부부들은 육아수당, 육아보조금 등이 주택마련 지원보다 더 필요하다고 생각한다.

③ 자녀의 보육환경이 개선되면 맞벌이 비율이 상승한다.

④ 여성에게 경제적 지원을 늘리게 되면 인구감소를 막을 수 있다.

> ✔ 해설 ④ 마지막 단락에서 언급하고 있는 바와 같이 신혼부부 가구의 추가적인 자녀계획 포기는 경제적 지원 부족보다 양육 환경문제에 가장 크게 기인한다. 따라서 여성에게 경제적 지원을 늘리면 인구감소를 막고 출산이 늘어날 것으로 판단하는 것은 타당한 논리로 볼 수 없다.

8 다음에 제시된 글의 내용을 참고할 때, 〈보기〉에 제시된 정책의 성격과 목적이 나머지와 다른 두 가지를 올바르게 짝지은 것은?

> 우리나라 임금근로자의 1/3이 비정규직으로(2012년 8월 기준) OECD 국가 중 비정규직 근로자 비중이 높은 편이며, 법적 의무사항인 2년 이상 근무한 비정규직 근로자의 정규직 전환률도 높지 않은 상황이다. 이에 따라, 비정규직에 대한 불합리한 차별과 고용불안 해소를 위해 대책을 마련하였다. 특히, 상시·지속적 업무에 정규직 고용관행을 정착시키고 비정규직에 대한 불합리한 차별 해소 등 기간제 근로자 보호를 위해 '16년 4월에는 「기간제 근로자 고용안정 가이드라인」을 신규로 제정하고, 더불어 「사내하도급 근로자 고용안정 가이드라인」을 개정하여 비정규직 보호를 강화하는 한편, 실효성 확보를 위해 민간 전문가로 구성된 비정규직 서포터스 활동과 근로감독 등을 연계하여 가이드라인 현장 확산 노력을 펼친 결과, 2016년에는 194개 업체와 가이드라인 준수협약을 체결하는 성과를 이루었다. 아울러, 2016년부터 모든 사업장(12천 개소) 근로감독 시 차별항목을 필수적으로 점검하고, 비교대상 근로자가 없는 경우라도 가이드라인 내용에 따라 각종 복리후생 등에 차별이 없도록 행정지도를 펼치는 한편, 사내하도급 다수활용 사업장에 대한 감독 강화로 불법파견 근절을 통한 사내하도급 근로자 보호에 노력하였다. 또한, 기간제·파견 근로자를 정규직으로 전환 시 임금상승분의 일부를 지원하는 정규직 전환지원금 사업의 지원요건을 완화하고, 지원대상을 사내 하도급 근로자 및 특수형태업무 종사자까지 확대하여 중소기업의 정규직 전환여건을 제고하였다. 이와 함께 비정규직, 특수형태업무 종사자 등 취약계층 근로자에 대한 사회안전망을 지속 강화하여 2016년 3월부터 특수형태업무 종사자에 대한 산재보험가입 특례도 종전 6개 직종에서 9개 직종으로 확대 적용되었으며, 구직급여 수급기간을 국민연금 가입 기간으로 산입해주는 실업크레딧 지원제도가 2016년 8월부터 도입되었다. 2016년 7월에는 제1호 공동근로복지기금 법인이 탄생하기도 하였다.

〈보기〉

㉠ 기간제 근로자 고용안정 가이드라인
㉡ 산재보험가입 특례 확대 적용
㉢ 비정규직 서포터스 활동
㉣ 실업크레딧 지원제도
㉤ 정규직 전환지원금 사업의 지원요건을 완화

---

① ㉡, ㉣ ② ㉡, ㉤

③ ㉢, ㉣ ④ ㉣, ㉤

✅ **해설** ① ㉡의 '산재보험가입 특례 확대 적용'과 ㉣의 '실업크레딧 지원제도'는 비정규직을 위한 직접적인 보호정책이라기보다 취약계층 근로자에 대한 사회안전망 강화 정책으로 보아야 한다. ㉠, ㉢, ㉤는 비정규직에 대한 직접적인 보호 정책으로 볼 수 있다.

9 다음 글에 제시된 단락 (가) ~ (라)를 문맥에 맞게 재배열한 것은?

> (가) 사유재산권 제도를 채택한 사회에서 재산의 신규취득 유형은 누가 이미 소유하고 있는 것을 취득하거나 아직 누구의 소유도 아닌 것을 취득하거나 둘 중 하나다.
>
> (나) 시장 경제에서 매 생산단계의 투입과 산출은 각각 누군가의 사적 소유물이며, 소유주가 있는 재산은 대가를 지불하고 구입하면 그 소유권을 이전받는다.
>
> (다) 사적 취득의 자유를 누구에게나 동등하게 허용하는 동등자유의 원칙은 사유재산권 제도에 대한 국민적 지지의 출발점으로서 신규 취득의 기회균등은 사유재산권 제도의 핵심이다.
>
> (라) 누가 이미 소유하고 있는 재산의 취득을 인정받으려면 원 소유주가 해당 재산의 소유권 이전에 대해 동의해야 한다. 그리고 누구의 소유도 아닌 재산의 최초 취득은 사회가 정한 절차를 따라야 인정받는다.

① (가) − (다) − (라) − (나)

② (다) − (가) − (나) − (라)

③ (다) − (라) − (가) − (나)

④ (다) − (가) − (라) − (나)

✔ 해설 ④ 제시된 문장들의 내용을 종합하면 전체 글에서 주장하는 바는 '정당한 사적 소유의 생성'이라고 요약할 수 있다. 이를 위해 사적 소유의 정당성이 기회균등에서 출발한다는 점을 전제해야 하며 이것은 (다)가 가장 먼저 위치해야 함을 암시한다. 다음으로 (가)에서 재산의 신규취득 유형을 두 가지로 언급하고 있으며, 이 중 하나인 기소유물의 소유권에 대한 설명이 (라)에서 이어지며, (라)단락에 대한 추가 부연 설명이 (나)에서 이어진다고 보는 것이 가장 타당한 문맥의 흐름이 된다.

10 다음 글의 내용을 가장 적절하게 요약한 것은?

> 프랑스는 1999년 고용상의 남녀평등을 강조한 암스테르담 조약을 인준하고 국내법에 도입하여 시행하였으며, 2006년에는 양성 간 임금 격차축소와 일·가정 양립을 주요한 목표로 삼는 '남녀 임금평등에 관한 법률'을 제정하였다. 동 법에서는 기업별, 산별 교섭에서 남녀 임금격차 축소에 대한 내용을 포함하도록 의무화하고, 출산휴가 및 입양휴가 이후 임금 미상승분을 보충하도록 하고 있다. 스웨덴은 사회 전반에서 기회·권리 균등을 촉진하고 각종 차별을 방지하기 위한 '차별법'(The Discrimination Act) 시행을 통해 남녀의 차별을 시정하였다. 또한 신축적인 파트타임과 출퇴근시간 자유화, 출산 후 직장복귀 등을 법제화하였다. 나아가 공공보육시설 무상 이용(평균보육료부담 4%)을 실시하고 보편적 아동수당과 저소득층에 대한 주택보조금 지원 정책도 시행하고 있다. 노르웨이 역시 특정 정책보다는 남녀평등 분위기 조성과 일과 양육을 병행할 수 있는 사회적 환경 조성이 출산율을 제고하는 데 기여하였다. 한편 일본은 2005년 신신(新新)엔젤플랜을 발족하여 보육환경을 개선함으로써 여성의 경제활동을 늘리고, 남성의 육아휴직, 기업의 가족지원 등을 장려하여 저출산 문제의 극복을 위해 노력하고 있다.

① 각 국의 근로정책 소개
② 선진국의 남녀 평등문화
③ 남녀평등에 관한 국가별 법률 현황
④ 남녀가 평등한 문화 및 근로정책

✔해설 ④ 몇 개 국가의 남녀평등 문화와 근로정책에 대하여 간략하게 기술하고 있으며, 노르웨이와 일본의 경우에는 법률을 구체적으로 언급하고 있지 않다. 또한 단순한 근로정책 소개가 아닌, 남녀평등에 관한 내용을 일관되게 소개하고 있으므로 전체를 포함하는 논지는 '남녀평등과 그에 따른 근로정책'에 관한 것이라고 볼 수 있다.

11 다음은 어느 회사의 채용공고문의 일부이다. 인사를 담당하고 있는 임과장은 공고문을 올리기 전에 최종적으로 점검하려고 한다. 잘못 쓰인 부분은 몇 개인가?

우대사항
• 직무 관련분야 자격증 소지자 우대
• 취업보호대상자(장아인, 취업지원대상) 우대
• 비수도권 및 본사 이전지역(충북)인재 요대
• 공사 청년인턴 수료자 및 업무경력자 우대
• 양성평등목표제 적용

채용조건
• 5 · 7급 신입사원 (채용형 인턴)
 −채용일로부터 약 2개월(7급은 5개월)의 인턴기간 운영, 인턴기간 중 평가결과를 반영하여 90% 이상 정규직 전환
 −단, 평가결과가 현저히 낮은 경우 정규직 전환비율에 관계없이 전환대상에서 제외
 −청년인턴 기간 중 약 145만 원/월 수준 보수지급 (세전금액, 4대 보험 포함)
• 5급 경력사원 (정규직)
 −공사 인사규정 및 보수규정에 의거 경력환산 및 보수기준 적용
 −채용일로부터 약 1개월간 수습기간 운영
• 5급 계약직 (자산관리, 실내디자인)
 −계약기간 : 차용일로부터 1년 (향후 평가 등을 거쳐 1년 연장 가능)
 −급여수준 : 연봉 약 3,700 ~ 3,900만 원 (세전금액, 4대보험 포함)

---

① 1개
② 2개
③ 3개
④ 4개

✔해설 ③ 취업보호대상자(<u>장아인</u>, 취업지원대상) → 취업보호대상자(<u>장애인</u>, 취업지원대상)
이전지역(충북)인재 <u>요대</u> → 이전지역(충북)인재 <u>우대</u>
<u>차용일</u>로부터 1년 → <u>채용일</u>로부터 1년

12 아웃도어 업체에 신입사원으로 입사한 박 사원이 다음의 기사를 요약하여 상사에게 보고해야 할 때 적절하지 못한 내용은?

아웃도어 브랜드 '기능성 티셔츠' 허위·과대광고 남발

국내에서 판매되고 있는 유명 아웃도어 브랜드의 반팔 티셔츠 제품들이 상당수 허위·과대광고를 하고 있는 것으로 나타났다. 소비자시민모임은 30일 서울 신문로 ○○타워에서 기자회견을 열고 '15개 아웃도어 브랜드의 등산용 반팔 티셔츠 품질 및 기능성 시험 통과 시험 결과'를 발표했다. 소비자시민모임은 신상품을 대상으로 아웃도어 의류 매출 상위 7개 브랜드 및 중소기업 8개 브랜드 총 15개 브랜드의 제품을 선정해 시험·평가했다. 시험결과 '자외선 차단' 기능이 있다고 표시·광고하고 있는 A사, B사 제품은 자외선 차단 가공 기능이 있다고 보기 어려운 수준인 것으로 드러났다. C사, D사 2개 제품은 제품상에 별도 부착된 태그에서 표시·광고하고 있는 기능성 원단과 실제 사용된 원단에 차이가 있는 것으로 확인됐다. D사, E사, F사 등 3개 제품은 의류에 부착된 라벨의 혼용율과 실제 혼용율에 차이가 있는 것으로 조사됐다. 또 일부 제품의 경우 '자외선(UV) 차단 기능 50+'라고 표시·광고했지만 실제 테스트 결과는 이에 못미치는 것으로 나타났다. 반면, 기능성 품질 비교를 위한 흡수성, 건조성, 자외선차단 시험 결과에서는 G사, H사 제품이 흡수성이 좋은 것으로 확인되었다. 소비자시민모임 관계자는 "일부 제품에서는 표시·광고하고 있는 기능성 사항이 실제와는 다르게 나타났다."며 "무조건 제품의 광고를 보고 고가 제품의 품질을 막연히 신뢰하기 보다는 관련 제품의 라벨 및 표시 정보를 꼼꼼히 확인해야 한다."고 밝혔다. 이어 "소비자의 합리적인 선택을 유도할 수 있도록 기능성 제품에 대한 품질 기준 마련이 필요하다."며 "표시 광고 위반 제품에 대해서는 철저한 관리 감독을 요구한다."고 촉구했다.

---

① A사와 B사 제품은 자외선 차단 효과가 낮고, C사와 D사는 태그에 표시된 원단과 실제 원단이 달랐다.
② 소비자시민모임은 '15개 아웃도어 브랜드의 등산용 반팔티셔츠 품질 및 기능성 시험 결과'를 발표했다.
③ G사와 H사 제품은 흡수성이 좋은 것으로 확인되었다.
④ 거의 모든 제품에서 표시·광고하고 있는 기능성 사항이 실제와는 다르게 나타났다.

> ✔해설 ④ 일부 제품에서 표시·광고하고 있는 사항이 실제와 다른 것이며 G사와 H사의 경우 제품의 흡수성이 좋은 것으로 확인되었기 때문에 거의 모든 제품이라고 단정하면 안 된다.

13 다음 A 출판사 B 대리의 업무보고서이다. 이 업무보고서를 통해 알 수 있는 내용이 아닌 것은?

업무 내용	비고
09:10~10:00 [실내 인테리어] 관련 신간 도서 저자 미팅	※ 외주 업무 진행 보고
10:00~12:30 시장 조사(시내 주요 서점 방문)	1. [보세사] 원고 도착
12:30~13:30 점심식사	2. [월간 무비스타] 영화평론 의뢰
13:30~17:00 시장 조사 결과 분석 및 보고서 작성	
17:00~18:00 영업부 회의 참석	※ 중단 업무
※ 연장근무	1. [한국어교육능력] 기출문제 분석
1. 문화의 날 사내 행사 기획 회의	2. [관광통역안내사] 최종 교정

① B 대리는 A 출판사 영업부 소속이다.

② [월간 무비스타]에 실리는 영화평론은 A 출판사 직원이 쓴 글이 아니다.

③ B 대리는 시내 주요 서점을 방문하고 보고서를 작성하였다.

④ A 출판사에서는 문화의 날에 사내 행사를 진행할 예정이다.

✔해설 ① B 대리가 영업부 회의에 참석한 것은 사실이나, 해당 업무보고서만으로 A 출판사 영업부 소속이라고 단정할 수는 없다.

14 홍보팀에 근무하는 김문화 씨는 '탈춤'에 관한 영상물을 제작하는 프로젝트를 맡게 되었다. 제작계획서 중 다음의 제작 회의 결과가 제대로 반영되지 않은 것은?

- 제목 : 탈춤 체험의 기록임이 나타나도록 표현
- 주 대상층 : 탈춤에 무관심한 젊은 세대
- 내용 : 실제 경험을 통해 탈춤을 알아가고 가까워지는 과정을 보여 주는 동시에 탈춤에 대한 정보를 함께 제공
- 구성 : 간단한 이야기 형식으로 구성
- 전달방식 : 정보들을 다양한 방식으로 전달

〈제작계획서〉

제목		'기획 특집 – 탈춤 속으로 떠나는 10일간의 여행'	①
제작 의도		젊은 세대에게 우리 고유의 문화유산인 탈춤에 대한 관심을 불러일으킨다.	②
전체 구성	중심 얼개	• 대학생이 우리 문화 체험을 위해 탈춤이 전승되는 마을을 찾아가는 상황을 설정한다. • 탈춤을 배우기 시작하여 마지막 날에 공연으로 마무리한다는 줄거리로 구성한다.	③
	보조 얼개	탈춤에 대한 정보를 별도로 구성하여 중간 중간에 삽입한다.	
전달 방식	해설	내레이션을 통해 탈춤에 대한 학술적 이견들을 깊이 있게 제시하여 탈춤에 조예가 깊은 시청자들의 흥미를 끌도록 한다.	④
	영상 편집	• 탈에 대한 정보를 시각 자료로 제시한다. • 탈춤의 종류, 지역별 탈춤의 특성 등에 대한 그래픽 자료를 보여 준다. • 탈춤 연습 과정과 공연 장면을 현장감 있게 보여 준다.	

✔ 해설 ④ 해당 영상물의 제작 의도는 탈춤에 무관심한 젊은 세대를 대상으로 하여 우리 고유의 문화유산인 탈춤에 대한 관심을 불러일으키기 위한 것이다. 따라서 탈춤에 대한 학술적 이견들을 깊이 있게 제시하는 것은 제작 의도와 맞지 않는다.

15 다음 ⊙의 내용으로 가장 적절한 것은?

인지부조화는 한 개인이 가지는 둘 이상의 사고, 태도, 신념, 의견 등이 서로 일치하지 않거나 상반될 때 생겨나는 심리적인 긴장상태를 의미한다. 인지부조화는 불편함을 유발하기 때문에 사람들은 이것을 감소시키려고 한다. 인지부조화를 감소시키는 방법은 서로 모순관계에 있어서 양립할 수 없는 인지들 가운데 하나 이상의 인지가 갖는 내용을 바꾸어 양립할 수 있게 하거나, 서로 모순되는 인지들 간의 차이를 좁힐 수 있는 새로운 인지를 추가하여 부조화된 인지상태를 조화된 상태로 전환하는 것이다.

그런데 실제로 부조화를 감소시키는 행동은 비합리적인 면이 있다. 그 이유는 그러한 행동들이 사람들로 하여금 중요한 사실을 배우지 못하게 하고 자신들의 문제에 대해서 실제적인 해결책을 찾지 못하도록 할 수 있기 때문이다. 부조화를 감소시키려는 행동은 자기방어적인 행동이고, 부조화를 감소시킴으로써 우리는 자신의 긍정적인 이미지, 즉 자신이 선하고 현명하며 상당히 가치 있는 인물이라는 긍정적인 측면의 이미지를 유지하게 된다. 비록 자기방어적인 행동이 유용한 것으로 생각될 수 있지만, 이러한 행동은 부정적 결과를 초래할 수 있다.

한 실험에서 연구자는 인종차별 문제에 대해서 확고한 입장을 보이는 사람들을 선정하였다. 일부는 차별에 찬성하였고, 다른 일부는 차별에 반대하였다. 선정된 사람들에게 인종차별에 대한 찬성과 반대 의견이 실린 글을 모두 읽게 하였는데, 어떤 글은 지극히 논리적이고 그럴듯하였고, 다른 글은 터무니없고 억지스러운 것이었다. 실험에서는 참여자들이 과연 어느 글을 기억할 것인지에 관심이 있었다. 인지부조화 이론에 따르면, 사람들은 현명한 사람을 자기 편, 우매한 사람을 다른 편이라 생각할 때 마음이 편안해질 것이다. 그렇다면 이 실험에서 인지부조화 이론은 다음과 같은 ⊙결과를 예측할 것이다.

① 참여자들은 자신의 의견에 동의하는 논리적인 글과 반대편의 의견에 동의하는 논리적인 글을 기억한다.

② 참여자들은 자신의 의견에 동의하는 모든 글을 기억하고 반대편의 의견에 동의하는 모든 글을 기억하지 않는다.

③ 참여자들은 자신의 의견에 동의하는 논리적인 글과 반대편의 의견에 동의하는 터무니없고 억지스러운 글을 기억한다.

④ 참여자들은 자신의 의견에 동의하는 터무니없고 억지스러운 글과 반대편의 의견에 동의하는 논리적인 글을 기억한다.

✔**해설** ① ⊙ 앞을 읽어보면 사람들은 현명한 사람을 자기 편, 우매한 사람을 다른 편이라 생각할 때 마음이 편안해질 것이므로 ①처럼 기억하는 것이 인지부조화 이론에 부합한다.

ANSWER 14.④ 15.①

16 다음은 SNS 회사에 함께 인턴으로 채용된 두 친구의 대화이다. 두 사람이 제출했을 토론 주제로 적합한 것은?

> 여 : 대리님께서 말씀하신 토론 주제는 정했어? 난 인터넷에서 '저무는 육필의 시대'라는 기사를 찾았는데 토론 주제로 괜찮을 것 같아서 그걸 정리해 가려고 하는데.
>
> 남 : 난 아직 마땅한 게 없어서 찾는 중이야. 그런데 육필이 뭐야?
>
> 여 : SNS 회사에 입사했다는 애가 그것도 모르는 거야? 컴퓨터로 글을 쓰는 게 디지털 글쓰기라면 손으로 글을 쓰는 걸 육필이라고 하잖아.
>
> 남 : 아! 그런 거야? 그럼 우리는 디지털 글쓰기 세대겠네?
>
> 여 : 그런 셈이지. 요즘 다들 컴퓨터로 글을 쓰니까. 그나저나 너는 디지털 글쓰기의 장점이 뭐라고 생각해?
>
> 남 : 음, 우선 떠오르는 대로 빨리 쓸 수 있다는 점 아닐까? 또 쉽게 고칠 수도 있고. 그래서 누구나 쉽게 글을 쓸 수 있다는 점이 디지털 글쓰기의 최대 장점이라고 생각하는데.
>
> 여 : 맞아. 기존의 글쓰기가 소수의 전유물이었다면, 디지털 글쓰기 덕분에 누구나 쉽게 글을 쓰고 의사소통을 할 수 있게 되었다는 게 내가 본 기사의 핵심이었어. 한마디로 글쓰기의 민주화가 이루어진 거지.
>
> 남 : 글쓰기의 민주화…… 멋있어 보이기는 하는데, 디지털 글쓰기가 꼭 장점만 있는 것 같지는 않아. 누구나 쉽게 글을 쓸 수 있게 됐다는 건, 그만큼 글이 가벼워졌다는 거 아냐? 우리 주변에서도 그런 글들을 엄청나잖아.
>
> 여 : 하긴, 디지털 글쓰기 때문에 과거보다 진지하게 글을 쓰는 사람이 적어진 건 사실이야. 남의 글을 베끼거나 근거 없는 내용을 담은 글들도 많아지고.
>
> 남 : 우리 이 주제로 토론을 해 보는 게 어때?

① 세대 간 정보화 격차
② 디지털 글쓰기와 정보화
③ 디지털 글쓰기의 장단점
④ 디지털 글쓰기와 의사소통의 관계

> ✔**해설** ③ 대화 속의 남과 여는 디지털 글쓰기의 장점과 단점에 대해 이야기하고 있다. 따라서 두 사람이 제출했을 토론 주제로는 '디지털 글쓰기의 장단점'이 적합하다.

17 다음은 성격장애의 유형이다. 보기 중 (가)~(마)에 해당하는 사람을 알맞게 짝지은 것은?

(가) 타인에 대한 강한 불신과 의심으로 적대적인 태도를 나타내는 성격장애이다. 이런 사람은 과도한 의심과 적대감으로 인해 반복적인 불평, 격렬한 논쟁, 공격적인 행동을 보인다. 자신에 대한 타인의 위협 가능성을 지나치게 경계하기 때문에 행동이 조심스럽고 비밀이 많으며 미래를 치밀하게 계획하는 경향이 있다.

(나) 타인과의 친밀한 관계 형성에 관심이 없고 감정표현이 부족하여 사회적 적응에 어려움을 나타내는 성격장애이다. 이런 사람은 타인의 칭찬이나 비판에 신경 쓰지 않고 반응하지 않는다. 이들은 흔히 대인관계가 요구되는 업무는 제대로 수행하지 못하지만 혼자서 하는 일에서는 능력을 발휘하기도 한다.

(다) 타인의 애정과 관심을 끌기 위해 지나친 노력과 과도한 감정 표현을 하는 성격장애이다. 이런 사람은 마치 연극을 하듯이 자신의 경험과 감정을 과장되게 표현한다. 그러나 이들은 감정 기복이 심하여 거절에 대한 두려움으로 자신의 요구가 관철될 수 있도록 타인을 조정한다.

(라) 지나치게 완벽을 추구하고 세부적인 사항에 집착하며 과도한 성취의욕과 인색함을 보이는 성격장애이다. 이런 사람은 상황을 자기 뜻대로 조절할 수 없게 되었을 때 불안해하거나 분노를 느낀다. 또한 씀씀이가 매우 인색하여 상당한 경제적 여유가 있음에도 만일의 상황에 대비해야 한다는 생각으로 가족들과 자주 갈등을 빚는다.

(마) 무한한 성공과 권력에 대한 공상에 집착하고 자신의 성취나 재능을 근거 없이 과장하며 특별대우를 바라는 성격장애이다. 이런 사람은 불합리한 기대감을 갖고 방자한 태도를 보이기 쉽다.

〈보기〉
• 보아는 항상 방을 깔끔하게 정리하고 누군가 방을 어지럽힐까 봐 아무도 자신의 방에 들어오지 못하게 한다.
• 주현은 자신의 업무실적이 좋지 않음에도 불구하고 곧 있을 승진발표에 마음이 들떠 동료들에게 거들먹거리고 있다.
• 지원은 집밖으로 나가는 일이 드물고 재택근무를 한다.
• 나래는 친구의 이야기가 자신의 주장과 조금이라도 다르면 크게 화를 내고 공격적으로 대응한다.
• 보형이는 친구들에게 유명 연예인과 악수했다고 자랑했지만 사실은 아주 멀리서 드라마 촬영현장을 봤을 뿐이다.

① 보아 – (나)
② 주현 – (마)
③ 지원 – (라)
④ 나래 – (다)

✔해설 ② 보아는 (라)유형, 지원은 (나)유형, 나래는 (가)유형, 보형은 (다)유형에 해당한다.

18 다음 글의 내용을 보고 빈칸 안에 들어갈 알맞은 속담은?

옛말에 설움 중에서 가장 큰 설움은 배고픈 설움이라고 한다. 밥을 굶는 것도 다 같이 굶으면 경우에 따라 서로 힘이 되고 위로가 되기도 한다. 그러나 한 쪽에서는 음식이 넘쳐나는 데 다른 쪽에서는 밥이 없어 굶는다면 굶는 사람의 고통과 좌절과 분노는 더 클 수밖에 없다. 그리고 그것은 장기적으로 사회의 안정과 통합을 위협할 수도 있다. ○○시 교육청이 올해 예산 삭감을 이유로 급식지원 예산을 무려 22%나 줄였다고 한다. 궁여지책으로 급식비 지원 신청률이 높은 고등학교 급식대상 학생들을 집중적으로 잘랐다는데, 아마 고등학생이면 덩치가 크니 초등학생이나 중학생보다는 배고픔을 더 잘 견디리라는 생각에서인가 싶다.

모르긴 몰라도 ○○시 예산을 짜는 사람들 중에는 배를 굶은 사람은 아무도 없을 것이다. 그러니 그들이 배고픈 설움을 어떻게 알겠는가? 그들에게는 급식비 지원은 그저 가난한 이들에게 마지못해 주는 '시혜'에 불과할 것이다.

_____는 그 고약한 마음에 화가 있을진저!

① 가는 토끼 잡으려다 잡은 토끼 놓친다.

② 새벽달 보자고 초저녁부터 기다린다.

③ 내 배 부르니 종의 밥 짓지 말라.

④ 남의 밥 얻어먹으면서 곧 죽어도 장죽은 뚜드려야 하고

> **✔ 해설** ③ 자기 본위로 상대방을 동정하거나, 상대방의 궁박함을 모른다.
> ① 너무 크게 욕심을 부려 동시에 여러 가지 일을 하면, 어느 한 가지도 제대로 이루지 못한다는 말이다.
> ② 새벽에 뜰 달을 보겠다고 초저녁부터 기다리고 있다는 뜻으로 일을 너무 일찍부터 서두름을 비유적으로 이르는 말이다.
> ④ 체면치례를 중시하는 태도를 일컫는 말이다.

19 다음 대화를 읽고, 선생의 견해로 볼 수 없는 것은?

> 왕 : "선생께서 천리의 먼 길을 오셨는데, 장차 무엇으로 우리 국가에 이익이 있게 하시겠습니까?"
>
> 선생 : "왕께서는 어떻게 이익을 말씀하십니까? 오직 인의(仁義)가 있을 따름입니다. 모든 사람이 이익만을 추구한다면, 서로 빼앗지 않고는 만족하지 못할 것입니다. 사람의 도리인 인을 잘 실천하는 사람이 자기 부모를 버린 경우는 없으며, 공적 직위에서 요구되는 역할인 의를 잘 실천하는 사람이 자기 임금을 저버린 경우는 없습니다."
>
> 왕 : "탕(湯)이 걸(桀)을 방벌하고, 무(武)가 주(紂)를 정벌하였다는데 정말 그런 일이 있었습니까? 신하가 자기 군주를 시해한 것이 정당합니까?"
>
> 선생 : "인을 해친 자를 적(賊)이라 하고, 의를 해친 자를 잔(殘)이라 하며, 잔적(殘賊)한 자를 일부(一夫)라 합니다. 일부인 걸과 주를 죽였다는 말은 들었지만 자기 군주를 시해하였다는 말은 듣지 못했습니다. 무릇 군주란 백성의 부모로서 그 도리와 역할을 다하는 인의의 정치를 해야 하는 공적 자리입니다. 탕과 무는 왕이 되었을 때 비록 백성들을 수고롭게 했지만, 그 지위에 요구되는 역할을 온전히 다하는 정치를 행했기 때문에 오히려 최대의 이익을 누릴 수 있었습니다. 걸과 주는 이와 반대되는 정치를 행하면서 자신의 이익만을 추구하며, 자신을 태양에 비유하였습니다. 하지만 백성들은 오히려 태양과 함께 죽고자 하였습니다. 백성들이 그 임금과 함께 죽고자 한다면, 군주가 어떻게 정당하게 그 지위와 이익을 향유할 수 있겠습니까?"

① 인의에 의한 정치를 펼치는 왕은 백성들을 수고롭게 할 수도 있다.

② 인의를 잘 실천하면 이익의 문제는 부차적으로 해결될 가능성이 있다.

③ 탕과 무는 자기 군주를 시해했다는 점에서 인의 가운데 특히 의를 잘 실천하지 못한 사람이다.

④ 군주는 그 자신과 국가의 이익 이전에 군주로서의 도리와 역할을 온전히 수행하는 데 최선을 다해야 한다.

✔ **해설** ③ 자기 군주를 시해하였다는 말은 듣지 못했다는 것으로 보아 ③은 잘못된 견해이다.

20 다음 자료는 H전자 50주년 기념 프로모션에 대한 안내문이다. 안내문을 보고 이해한 내용으로 틀린 사람을 모두 고른 것은?

H전자 50주년 기념행사 안내

50년이라는 시간동안 저희 H전자를 사랑해주신 고객여러분들께 감사의 마음을 전하고자 아래와 같이 행사를 진행합니다. 많은 이용 부탁드립니다.

– 아래 –

1. 기간 : 2026년 12월 1일~ 12월 15일
2. 대상 : 전 구매고객
3. 내용 : 구매 제품별 혜택 상이

제품명		혜택	비고
노트북	H-100	• 15% 할인 • 2년 무상 A/S • 사은품 : 노트북 파우치 or USB(택1)	현금결제 시 할인금액의 5% 추가 할인
	H-105		
세탁기	H 휘롬	• 20% 할인 • 사은품 : 세제 세트, 고급 세탁기커버	전시상품 구매 시 할인 금액의 5% 추가 할인
TV	스마트 H TV	• 46in 구매시 LED TV 21.5in 무상 증정	
스마트폰	H-Tab20	• 10만 원 할인(H카드 사용 시) • 사은품 : 샤오밍 10000mAh 보조배터리	–
	H-V10	• 8만 원 할인(H카드 사용 시) • 사은품 : 샤오밍 5000mAh 보조배터리	–

4. 기타 : 기간 내에 H카드로 매장 방문 20만 원 이상 구매고객에게 1만 서비스 포인트를 더 드립니다.
5. 추첨행사 안내 : 매장 방문고객 모두에게 추첨권을 드립니다(1인 1매).

등수	상품
1등상(1명)	H캠-500D
2등상(10명)	샤오밍 10000mAh 보조배터리
3등상(500명)	스타베네 상품권(1만 원)

※ 추첨권 당첨자는 2026년 12월 25일 www.H-digital.co.kr에서 확인하실 수 있습니다.

㉠ 수미 : H-100 노트북을 현금으로 사면 20%나 할인 받을 수 있구나.
㉡ 병진 : 스마트폰 할인을 받으려면 H카드가 있어야 해.
㉢ 지수 : 46in 스마트 H TV를 사면 같은 기종의 작은 TV를 사은품으로 준대.
㉣ 효정 : H전자에서 할인 혜택을 받으려면 H카드나 현금만 사용해야 하나 봐.

① ㉠

② ㉡, ㉢

③ ㉠, ㉣

④ ㉠, ㉢, ㉣

㉠ 15% 할인 후 가격에서 5%가 추가로 할인되는 것이므로 20%보다 적게 할인된다.

㉢ 같은 기종이 아닌 LED TV가 증정된다.

㉣ 노트북, 세탁기, TV는 따로 H카드를 사용해야 한다는 항목이 없으므로 옳지 않다.

㉡ 위 안내문과 일치한다.

21 다음 대화를 읽고 빈칸에 들어갈 말로 옳은 것은?

A : "방금 뉴스에서 뭐라고 나온 거야? "

B : "_____ ㉠ _____ "

A : "그게 정말이야?"

B : "그래, 지금 그거 때문에 사람들이 난리도 아니야."

A : "저런… 하필 주말에 이런 일이 생기다니 정말 안타깝구나."

B : "맞아. 참 안타까운 일이지… 조금만 주의를 했으면 일어나지도 않았을 텐데…."

① 오늘 아침 고속도로에서 15중 추돌사고가 일어나 일가족 4명이 목숨을 잃었어?

② 오늘 아침 고속도로에서 15중 추돌사고가 일어나 일가족 4명이 목숨을 잃었구나.

③ 오늘 아침 고속도로에서 15중 추돌사고가 일어나 일가족 4명이 목숨을 잃었대.

④ 오늘 아침 고속도로에서 15중 추돌사고가 일어나 일가족 4명이 목숨을 잃었다니…

③ 뉴스에서 보도한 정보(고속도로 교통사고 소식)를 전달하고 있기 때문에 직접 경험한 사실이 아닌 다른 사람이 말한 내용을 간접적으로 전달할 때 사용하는 어말어미 '-대'를 사용하는 것이 옳다.

22 다음 갑과 을의 견해에 대한 분석으로 가장 적절한 것은?

> 갑 : 좋아. 우리 둘 다 전지전능한 신이 존재한다는 가정에서 시작하는군. 이제 철수가 t시점에 행동 A를 할 것이라고 해볼까? 신은 전지전능하니까 철수가 t시점에 행동 A를 할 것임을 알겠지. 그런데 신은 전지전능하므로, 철수가 t시점에 행동 A를 한다는 것은 필연적이야. 그리고 필연적으로 발생하는 것은 자유로운 것이 아니지. 따라서 철수의 행동 A는 자유롭지 않아.
>
> 을 : 비록 어떤 행동이 필연적이더라도 그 행동에 누군가의 강요가 없다면 자유로운 행동이 될 수 있어. 그러므로 철수가 t시점에 행동 A를 할 것임이 필연적이라 하더라도, 그것으로부터 행동 A가 자유롭지 않다고 판단할 수는 없지. 신이나 다른 누군가가 그 행동을 철수에게 강요했는지의 여부를 확인해야 해. 만약 신이 철수가 t시점에 행동 A를 할 것임을 안다면 철수의 행동 A가 필연적이라는 것은 나도 인정해. 하지만 그로부터 신이 철수의 그 행동을 강요했음이 곧바로 도출되지는 않아. 따라서 철수의 행동은 여전히 자유로울 수 있지.
>
> 갑 : 필연적인 행동이 자유롭지 않은 이유는 다른 행동을 할 가능성이 차단되었기 때문이야. 만일 전지전능한 신이 존재하고 그 신이 철수가 t시점에 행동 A를 할 것임을 안다면, 철수가 t시점에 행동 A를 할 것이 필연적이라는 것은 너도 인정했지? 그것이 필연적이라면 철수가 t시점에 행동 A 외에 다른 행동을 할 가능성은 없지. 신의 강요가 없을지라도 말이야.
>
> 을 : 맞아. 그렇지만 신이 강요하지 않는 한, 철수의 행동 A에는 A에 대한 철수 자신의 의지가 반영되어 있어. 즉, 철수의 행동 A는 철수 자신의 판단에 의한 행동이라는 것이지. 그렇기 때문에 철수의 행동 A는 자유로울 수 있어. 반면에 철수의 행동 A가 강요된 것이라면 행동 A에는 철수 자신의 의지가 반영되어 있지 않았겠지만 말이야. 그러니까 철수의 행동 A가 필연적인지의 여부는 그 행동이 자유로운 것인지의 여부를 가리는 데 결정적인 게 아니야.

① 갑과 을은 전지전능한 신이 존재할 경우 철수의 행동에 철수의 의지가 반영될 수 없다는 데 동의한다.

② 갑은 강요에 의한 행동을 자유로운 것으로 생각하지 않지만, 을은 그것을 자유로운 것으로 생각한다.

③ 갑은 필연적인 행동에는 다른 행동의 가능성이 차단된다고 생각하지만, 을은 필연적인 행동에도 다른 행동의 가능성이 있다고 생각한다.

④ 갑은 다른 행동을 할 가능성이 없으면 행동의 자유가 없다고 생각하지만, 을은 그런 가능성이 없다는 것으로부터 행동의 자유가 없다는 것이 도출된다고 생각하지 않는다.

✔ 해설 ④ 갑은 필연적인 것은 자유로운 것이 아니라고 보고 있고, 을은 필연적이라도 자유로울 수 있다고 보고 있다.

23 다음 글의 밑줄 친 부분을 고쳐 쓰기 위한 방안으로 옳지 않은 것은?

> 그동안 발행이 ⊙중단되어졌던 회사 내 월간지 '○○소식'에 대해 말씀드리려 합니다. '○○소식'은 소수의 편집부원이 발행하다 보니, 발행하기도 어렵고 다양한 이야기를 담지도 못했습니다. ⓒ그래서 저는 종이 신문을 웹 신문으로 전환하는 것이 좋다고 생각합니다. ⓒ저는 최선을 다해서 월간지를 만들었습니다. 그러면 구성원 모두가 협업으로 월간지를 만들 수 있고, 그때그때 새로운 정보를 ⓒ독점하게 될 것입니다. 이렇게 만들어진 '○○소식'을 통해 우리는 앞으로 '언제나, 누구나' 올린 의견을 실시간으로 만나게 될 것입니다.

① ⊙은 어법에 맞지 않으므로 '중단되었던'으로 고쳐야 한다.
② ⓒ은 연결이 자연스럽지 않으므로 '그러나'로 고쳐야 한다.
③ ⓒ은 주제에 어긋난 내용이므로 삭제해야 한다.
④ ⓒ은 문맥에 맞지 않는 단어이므로 '공유'로 고쳐야 한다.

✔해설 ② '그래서'가 더 자연스럽기 때문에 고치지 않는 것이 낫다.

24 다음은 거래처의 바이어가 건넨 명함이다. 이를 보고 알 수 없는 것은?

> International Motor
>
> Dr. Yi Ching CHONG
> Vice President
>
> 8 Temasek Boulevard, #32-03 Suntec Tower 5
> Singapore 038988, Singapore
> T. 65 6232 8788, F. 65 6232 8789

① 호칭은 Dr. CHONG이라고 표현해야 한다.
② 싱가포르에서 온 것을 알 수 있다.
③ 호칭 사용시 Vice President, Mr. Yi라고 불러도 무방하다.
④ 싱가포르에서 왔으므로 그에 맞는 식사를 대접한다.

✔해설 ③ 호칭 사용시 Vice President, Mr. CHONG이라고 불러야 한다.

25 다음 제시된 개요의 결론으로 알맞은 것을 고르면?

제목 : 생태 관광

Ⅰ. 서론 : 생태 관광의 의의와 현황

Ⅱ. 본론

㉠ 문제점 분석
- 생태자원 훼손
- 지역 주민들의 참여도 부족
- 수익 위주의 운영
- 안내 해설 미흡

㉡ 개선 방안 제시
- 인지도 및 관심 증대
- 지역 주민들의 참여 유도
- 관련 법규의 재정비
- 생태관광가이드 육성

Ⅲ. 결론 : (   )

---

① 자연생태계 훼손 최소화

② 생태 관광의 지속적인 발전

③ 생물자원의 가치 증대

④ 바람직한 생태 관광을 위한 노력 촉구

✔해설 ④ 본론에서 생태 관광에 대한 문제점을 지적하고 그에 대한 개선 방안을 제시하였으므로 결론에서는 주장을 정리하는 '바람직한 생태 관광을 위한 노력 촉구'가 적절하다.

26 다음에 제시된 글의 목적에 대해 바르게 나타낸 것은?

제목 : 사내 신문의 발행

1. 우리 회사 직원들의 원만한 커뮤니케이션과 대외 이미지를 재고하기 위하여 사내 신문을 발간하고자 합니다.

2. 사내 신문은 홍보지와 달리 새로운 정보와 소식지로서의 역할이 기대되오니 아래의 사항을 검토하시고 재가해주시기 바랍니다.

－아 래－

㉠ 제호 : We ○○인
㉡ 판형 : 140 × 210mm
㉢ 페이지 : 20쪽
㉣ 출간 예정일 : 2026. 1. 1

별첨 견적서 1부

---

① 회사에서 정부를 상대로 사업을 진행하려고 작성한 문서이다.
② 회사의 업무에 대한 협조를 구하기 위하여 작성한 문서이다.
③ 회사의 업무에 대한 현황이나 진행상황 등을 보고하고자 하는 문서이다.
④ 회사 상품의 특성을 소비자에게 설명하기 위하여 작성한 문서이다.

> ✔해설 ② 위 문서는 기안서로 회사의 업무에 대한 협조를 구하거나 의견을 전달할 때 작성하며, 흔히 사내 공문서라고도 한다.

27 위 글의 논지를 약화하는 진술로 가장 적절한 것은?

오늘날 인류가 왼손보다 오른손을 선호하는 경향은 어디서 비롯되었을까? 무기를 들고 싸우는 결투에서 오른손잡이는 왼손잡이 상대를 만나 곤혹을 치르곤 한다. 왼손잡이 적수가 무기를 든 왼손은 뒤로 감춘 채 오른손을 내밀어 화해의 몸짓을 보이다가 방심한 틈에 공격을 할 수도 있다. 그러나 이런 상황이 왼손에 대한 폭넓고 뿌리 깊은 반감을 다 설명해 준다고는 생각되지 않는다. 예컨대 그런 종류의 겨루기와 거의 무관했던 여성들의 오른손 선호는 어떻게 설명할 것인가?

오른손을 귀하게 여기고 왼손을 천대하는 현상은 어쩌면 산업화 이전 사회에서 배변 후 사용할 휴지가 없었다는 사실과 관련이 있을 법하다. 인류 역사에서 대부분의 기간 동안 배변 후 뒤처리를 담당한 것은 맨손이었다. 맨손으로 배변 뒤처리를 하는 것은 불쾌할 뿐더러 병균을 옮길 위험을 수반하는 일이었다. 이런 위험의 가능성을 낮추는 간단한 방법은 음식을 먹거나 인사할 때 다른 손을 사용하는 것이었다. 기술 발달 이전의 사회에서는 대개 왼손을 배변 뒤처리에, 오른손을 먹고 인사하는 일에 사용했다. 이런 전통에서 벗어난 행동을 보면 사람들은 기겁하지 않을 수 없었다. 오른손과 왼손의 역할 분담에 관한 관습을 따르지 않는 어린아이는 벌을 받았을 것이다.

나는 이런 배경이 인간 사회에서 널리 나타나는 '오른쪽'에 대한 긍정과 '왼쪽'에 대한 반감을 어느 정도 설명해 줄 수 있으리라고 생각한다. 그러나 이 설명은 왜 애초에 오른손이 먹는 일에, 그리고 왼손이 배변 처리에 사용되었는지 설명 해주지 못한다. 확률로 말하자면 왼손이 배변 처리를 담당하게 될 확률은 1/2이다. 그렇다면 인간 사회 가운데 절반 정도는 왼손잡이 사회였어야 할 것이다. 그러나 동서양을 막론하고, 왼손잡이 사회는 확인된 바 없다. 세상에는 왜 온통 오른손잡이 사회들뿐인지에 대한 근본적인 설명은 다른 곳에서 찾아야 할 것 같다.

한쪽 손을 주로 쓰는 경향은 뇌의 좌우반구의 기능 분화와 관련되어 있는 것으로 보인다. 보고된 증거에 따르면, 왼손 잡이는 읽기와 쓰기, 개념적·논리적 사고 같은 좌반구 기능에서 오른손잡이보다 상대적으로 미약한 대신 상상력, 패턴 인식, 창의력 등 전형적인 우반구 기능에서는 상대적으로 기민한 경우가 많다.

비비원숭이의 두개골 화석을 연구함으로써 오스트랄로피테쿠스가 어느 손을 즐겨 썼는지를 추정할 수 있다. 이들이 비비원숭이를 몽둥이로 때려서 입힌 상처의 흔적이 남아 있기 때문이다. 연구에 따르면 오스트랄로피테쿠스는 약 80%가 오른손잡이였다. 이는 현대인과 거의 일치한다. 사람이 오른손을 즐겨 쓰듯 다른 동물들도 앞발 중에 더 선호하는 쪽이 있는데, 포유류에 속하는 동물들은 대개 왼발을 즐겨 쓰는 것으로 나타났다. 이들 동물에서도 뇌의 좌우반구 기능은 인간과 본질적으로 다르지 않으며, 좌우 반구의 신체 제어에서 좌우 교차가 일어난다는 점도 인간과 다르지 않다.

왼쪽과 오른쪽의 대결은 인간이라는 종의 먼 과거까지 거슬러 올라간다. 나는 이성 대 직관의 힘겨루기, 뇌의 두 반구 사이의 힘겨루기가 오른손과 왼손의 힘겨루기로 표면화된 것이 아닐까 생각한다. 즉 오른손이 원래 왼손보다 더 능숙했기 때문이 아니라 뇌의 좌반구가 인간의 행동을 지배하는 권력을 갖게 되었기 때문에 오른손 선호에 이르렀다는 생각이다. 그리고 이것이 사실이라면 직관적 사고에 대한 논리적 비판은 거시적 관점에서 그 타당성을 의심해볼 만하다. 어쩌면 뇌의 우반구 역시 좌반구의 권력을 못마땅하게 여기고 있는지도 모른다. 다만 논리적인 언어로 반론을 펴지 못할 뿐.

① 오스트랄로피테쿠스의 지능은 현생 인류에 비하여 현저하게 뒤떨어지는 수준이었다.

② '왼쪽'에 대한 반감의 정도가 서로 다른 여러 사회에서 왼손잡이의 비율은 거의 일정함이 밝혀졌다.

③ 오른손잡이와 왼손잡이가 뇌의 해부학적 구조에서 유의미한 차이를 보이지 않는다는 사실이 입증되었다.

④ 진화 연구를 통해 인류 조상들의 행동의 성패를 좌우한 것이 언어·개념과 무관한 시각 패턴 인식 능력이었음이 밝혀졌다.

✔ 해설 ④ 제시된 글은 왼손과 오른손을 비교한 글이지만 ④는 전혀 다른 내용이다.

28 다음에 해당하는 언어의 기능은?

이 기능은 우리가 세계를 이해하는 정도에 비례하여 수행된다. 그러면 세계를 이해한다는 것은 무엇인가? 그것은 이 세상에 존재하는 사물에 대하여 이름을 부여함으로써 발생하는 것이다. 여기 한 그루의 나무가 있다고 하자. 그런데 그것을 나무라는 이름으로 부르지 않는 한 그것은 나무로서의 행세를 못한다. 인류의 지식이라는 것은 인류가 깨달아 알게 되는 모든 대상에 대하여 이름을 붙이는 작업에서 형성되는 것이라고 말해도 좋다. 어떤 사물이건 거기에 이름이 붙으면 그 사물의 개념이 형성된다. 다시 말하면, 그 사물의 의미가 확정된다. 그러므로 우리가 쓰고 있는 언어는 모두가 사물을 대상화하여 그것에 의미를 부여하는 이름이라고 할 수 있다.

① 정보적 기능

② 친교적 기능

③ 명령적 기능

④ 관어적 기능

✔ 해설 언어의 기능
　　㉠ 표현적 기능 : 말하는 사람의 감정이나 태도를 나타내는 기능이다. 언어의 개념적 의미보다는 감정적인 의미가 중시된다. → [예 : 느낌, 놀람 등 감탄의 말이나 욕설, 희로애락의 감정표현, 폭언 등]
　　㉡ 정보전달 기능 : 말하는 사람이 알고 있는 사실이나 지식, 정보를 상대방에게 알려 주기 위해 사용하는 기능이다. → [예 : 설명, 신문기사, 광고 등]
　　㉢ 사교적 기능(친교적 기능) : 상대방과 친교를 확보하거나 확인하여 서로 의사소통의 통로를 열어 놓아주는 기능이다. → [예 : 인사말, 취임사, 고별사 등]
　　㉣ 미적 기능 : 언어예술작품에 사용되는 것으로 언어를 통해 미적인 가치를 추구하는 기능이다. 이 경우에는 감정적 의미만이 아니라 개념적 의미도 아주 중시된다. → [예 : 시에 사용되는 언어]
　　㉤ 지령적 기능(감화적 기능) : 말하는 사람이 상대방에게 지시를 하여 특정 행위를 하게 하거나, 하지 않도록 함으로써 자신의 목적을 달성하려는 기능이다. → [예 : 법률, 각종 규칙, 단체협약, 명령, 요청, 광고문 등의 언어]

29 다음은 어느 토지회사의 분양주택 신청자격에 관한 규정이다. 이 규정에 근거하여 사원 丁 씨가 고객의 문의에 답변한 것으로 옳지 않은 것은?

〈일반공급〉

입주자격조건

청약저축 가입자인 무주택세대구성원(공급신청가능자는 주민등록표상 세대주, 세대주의 배우자 및 직계존비속에 한함)을 대상으로 순위·순차에 따라 공급한다.

입주자선정 순위

• 1순위

수도권	청약저축에 가입하여 1년이 경과된 자로서 매월 약정납일일에 월납입금을 12회 이상 납입한 무주택세대구성원
수도권 외의 지역	청약저축에 가입하여 6월이 경과된 자로서 매월 약정납입일에 월납입금을 6회 이상 납입한 자 (다만, 시·도지사는 청약과열이 우려되는 등 필요한 경우에는 청약 1순위를 위한 입주자 저축 가입기간 및 납입회수를 12개월 및 12회까지 연장하여 공고할 수 있음)

• 2순위 : 1순위에 해당되지 않는 무주택세대구성원

당첨자 선정기준(1순위 경쟁이 있을 경우)

전용면적 $40m^2$ 초과 주택	① 3년 이상의 기간 무주택세대구성원으로서 저축총액이 많은 분 ② 저축총액이 많은 분
전용면적 $40m^2$ 이하 주택	① 3년 이상의 기간 무주택세대구성원으로서 납입횟수가 많은 분 ② 납입횟수가 많은 분

〈노부모부양 특별공급〉

입주자격조건

1순위에 해당되는 자로서 건설량의 5% 범위에서 입주자모집공고일 현재 65세 이상의 직계존속(배우자의 직계존속을 포함)을 3년 이상 계속하여 부양(같은 세대별 주민등록표상에 등재되어 있는 경우에 한함)하고 있는 무주택세대주

※ 피부양자의 배우자가 있는 경우 그 배우자도 무주택자이어야 한다.

입주자선정 순위

일반공급 당첨자 선정기준과 동일

---

① Q : 일반공급 신청을 하려는데 세대주가 저의 남편입니다만, 제가 일반 공급 신청을 해도 되나요?

　A : 네. 청약저축 가입자라면 세대주의 배우자도 공급신청가능자가 됩니다.

② Q : 제가 어머니를 부양하고 있는데 어머니의 연세가 현재 63세이십니다. 노부모부양 특별공급 신청이 가능한가요?

　A : 신청이 가능하지 않습니다. 노부모부양 입주자격조건은 현재 65세 이상의 직계존속을 부양하고 있어야 합니다.

③ Q : 노부모부양 특별공급을 신청했는데 1순위 경쟁이 있을 경우 전용면적 $40m^2$ 초과 주택에서의 당첨자선정기준이 궁금합니다.

　A : 전용면적이 $40m^2$를 초과할 경우에는 납입횟수의 기준에 따라 선정합니다.

④ Q : 수도권에서 1순위 조건 좀 알려주세요.

　A : 청약저축에 가입하여 1년이 경과된 자로서 매월 약정납일일에 월납입금을 12회 이상 납입한 무주택세대구성원이어야 합니다.

✔해설　③ 전용면적이 $40m^2$를 초과할 경우에는 저축총액이 많은 순으로 선정한다.

30 다음 중 공문서의 작성법으로 옳은 것은?

① 날짜 다음에 괄호를 사용할 때에는 마침표를 찍지 않는다.

② 복잡한 내용일 때에는 도표나 그림을 활용한다.

③ 업무상 상사에게 제출하는 문서이므로, 궁금한 점을 질문 받을 것에 대비한다.

④ 분량이 많으므로 글의 내용이 한눈에 파악되도록 목차구성에 신경 쓴다.

✔해설　② 설명서, 기획서, 보고서 등과 같은 서류를 작성할 때의 작성법이다.
　　　③ 보고서 등과 같은 서류의 작성법이다.
　　　④ 기획서 등과 같은 서류의 작성법이다.
　　※ 공문서 … 정부 행정기관에서 대내적, 혹은 대외적 공무를 집행하기 위해 작성하는 문서를 의미하며, 정부기관이 일반회사, 또는 단체로부터 접수하는 문서 및 일반회사에서 정부기관을 상대로 사업을 진행하려고 할 때 작성하는 문서도 포함된다. 엄격한 규격과 양식에 따라 정당한 권리를 가진 사람이 작성해야 하며 최종 결재권자의 결재가 있어야 문서로서의 기능이 성립된다.
　　※ 공문서 작성법
　　　㉠ 공문서는 주로 회사 외부로 전달되는 글인 만큼 누가, 언제, 어디서, 무엇을, 어떻게(또는 왜)가 드러나도록 써야한다.
　　　㉡ 날짜는 연도와 월일을 반드시 함께 언급해야 한다.
　　　㉢ 날짜 다음에 괄호를 사용할 때에는 마침표를 찍지 않는다.
　　　㉣ 공문서는 대외문서이고, 장기간 보관되는 문서이기 때문에 정확하게 기술한다.
　　　㉤ 내용이 복잡한 경우 '-다음-' 또는 '-아래-'와 같은 항목을 만들어 구분한다.
　　　㉥ 공문서는 한 장에 담아내는 것이 원칙이다.
　　　㉦ 마지막엔 반드시 '끝'자로 마무리 한다.

Chapter 02 수리능력

[수리능력] 출제유형

① 기초연산능력 : 단일 유형으로는 거의 나오지 않으며, 짧은 시간에 복잡한 연산을 요구하는 유형이 출제된다.
② 기초통계능력 : 기초적인 통계기법(평균, 합계, 빈도 등)을 활용할 수 있는 능력을 측정하는 유형이다.
③ 도표분석능력 : 수리논리의 자료해석과 비슷하며 업무관련성이 높고, 기업의 특징이 포함되어 있는 표와 그래프로 구성된 유형이다.
④ 도표작성능력 : 주어진 표와 그래프 등을 더욱 효과적으로 보이게 하기 위한 유형, 자료 변환과 같은 직무적성 유형 등이 해당한다.

[수리능력] 출제경향

수리능력은 업무를 수행할 때 필요한 사칙연산과 도표 및 데이터 정리, 통계를 이해하고 적용하는 능력이다. 시험에서는 자료 해석 능력을 평가하는 문제가 주를 이루는 추세이며, 실무 위주의 그래프 자료를 제시하여 의사 결정을 묻는 문제도 출제된다. 그래프 자료를 제시하는 문항에서 기초연산능력을 측정할 수 있는 문제도 등장하므로 어느 한 유형에만 치우치지 않고 골고루 학습하는 것이 중요하다.

[수리능력] 유형별 출제빈도

기초연산능력									
기초동계능력									
도표분석능력									
도표작성능력									

예제 01 도표분석능력

다음 자료를 보고 주어진 상황에 대한 물음에 답하시오.

〈근로소득에 대한 간이 세액표〉

월 급여액(천 원) [비과세 및 학자금 제외]		공제대상 가족 수				
이상	미만	1	2	3	4	5
2,500	2,520	38,960	29,280	16,940	13,570	10,190
2,520	2,540	40,670	29,960	17,360	13,990	10,610
2,540	2,560	42,380	30,640	17,790	14,410	11,040
2,560	2,580	44,090	31,330	18,210	14,840	11,460
2,580	2,600	45,800	32,680	18,640	15,260	11,890
2,600	2,620	47,520	34,390	19,240	15,680	12,310
2,620	2,640	49,230	36,100	19,900	16,110	12,730
2,640	2,660	50,940	37,810	20,560	16,530	13,160
2,660	2,680	52,650	39,530	21,220	16,960	13,580
2,680	2,700	54,360	41,240	21,880	17,380	14,010
2,700	2,720	56,070	42,950	22,540	17,800	14,430
2,720	2,740	57,780	44,660	23,200	18,230	14,850
2,740	2,760	59,500	46,370	23,860	18,650	15,280

※ 갑근세는 제시되어 있는 간이 세액표에 따름
※ 주민세=갑근세의 10%
※ 국민연금=급여액의 4.50%
※ 고용보험=국민연금의 10%
※ 건강보험=급여액의 2.90%
※ 교육지원금=분기별 100,000원(매 분기별 첫 달에 지급)

박○○ 사원의 5월 급여내역이 다음과 같고 전월과 동일하게 근무하였으나 특별수당은 없고 차량 지원금으로 100,000원을 받게 된다면, 6월에 받게 되는 급여는 얼마인가? (단, 원 단위 절삭)

(주) 서원플랜테크 5월 급여내역			
성명	박○○	지급일	5월 12일
기본급여	2,240,000	갑근세	39,530
직무수당	400,000	주민세	3,950
명절 상여금		고용보험	11,970
특별수당	20,000	국민연금	119,700
차량지원금		건강보험	77,140
교육지원		기타	
급여계	2,660,000	공제합계	252,290
		지급총액	2,407,710

① 2,443,910
② 2,453,910
③ 2,463,910
④ 2,473,910

출제의도

업무상 계산을 수행하거나 결과를 정리하고 업무비용을 측정하는 능력을 평가하기 위한 문제로서, 주어진 자료에서 문제를 해결하는 데에 필요한 부분을 빠르고 정확하게 찾아내는 것이 중요하다.

해설

기본 급여	2,240,000	갑근세	46,370
직무 수당	400,000	주민세	4,630
명절 상여금		고용 보험	12,330
특별 수당		국민 연금	123,300
차량 지원금	100,000	건강 보험	79,460
교육 지원		기타	
급여계	2,740,000	공제 합계	266,090
		지급 총액	2,473,910

〉〉 ④

기초연산능력

다음 식을 바르게 계산한 것은?

$$1 + \frac{2}{3} + \frac{1}{2} - \frac{3}{4}$$

① $\frac{13}{12}$

② $\frac{15}{12}$

③ $\frac{17}{12}$

④ $\frac{19}{12}$

출제의도

직장생활에서 필요한 기초적인 사칙연산과 계산방법을 이해하고 활용할 수 있는 능력을 평가하는 문제로서, 분수의 계산과 통분에 대한 기본적인 이해가 필요하다.

해설

$$\frac{12}{12} + \frac{8}{12} + \frac{6}{12} - \frac{9}{12} = \frac{17}{12}$$

》 ③

기초통계능력

인터넷 쇼핑몰에서 회원가입을 하고 디지털캠코더를 구매하려고 한다. 다음은 구입하고자 하는 모델에 대하여 인터넷 쇼핑몰 세 곳의 가격과 조건을 제시한 표이다. 표에 있는 모든 혜택을 적용하였을 때 디지털캠코더의 배송비를 포함한 실제 구매가격을 바르게 비교한 것은?

구분	A 쇼핑몰	B 쇼핑몰	C 쇼핑몰
정상가격	129,000원	131,000원	130,000원
회원혜택	7,000원 할인	3,500원 할인	7% 할인
할인쿠폰	5% 쿠폰	3% 쿠폰	5,000원
중복할인여부	불가	가능	불가
배송비	2,000원	무료	2,500원

① A<B<C

② B<C<A

③ C<A<B

④ C<B<A

출제의도

직장생활에서 자주 사용되는 기초적인 통계기법을 활용하여 자료의 특성과 경향성을 파악하는 능력이 요구되는 문제이다.

해설

㉠ A 쇼핑몰
- 회원혜택을 선택한 경우 : $129,000 - 7,000 + 2,000 = 124,000$(원)
- 5% 할인쿠폰을 선택한 경우 : $129,000 \times 0.95 + 2,000 = 124,550$

㉡ B 쇼핑몰 :
$131,000 \times 0.97 - 3,500 = 123,570$

㉢ C 쇼핑몰
- 회원혜택을 선택한 경우 : $130,000 \times 0.93 + 2,500 = 123,400$
- 5,000원 할인쿠폰을 선택한 경우 : $130,000 - 5,000 + 2,500 = 127,500$

∴ C<B<A

》 ④

둘레의 길이가 4.4km인 정사각형 모양의 공원이 있다. 이 공원의 넓이는 몇 a인가?

① 12,100a

② 1,210a

③ 121a

④ 12.1a

출제의도

길이, 넓이, 부피, 들이, 무게, 시간, 속도 등 단위에 대한 기본적인 환산 능력을 평가하는 문제로서, 소수점 계산이 필요하며, 자릿수를 읽고 구분할 줄 알아야 한다.

해설

공원의 한 변의 길이는

$4.4 \div 4 = 1.1(km)$ 이고

$1km^2 = 10,000a$ 이므로

공원의 넓이는

$1.1km \times 1.1km = 1.21km^2$

$= 12,100a$

》 ①

다음 표는 2025 ~ 2026년 지역별 직장인들의 자기개발에 관해 조사한 내용을 정리한 것이다. 이에 대한 분석으로 옳은 것은?

(단위 : %)

연도 / 지역 구분	2025				2026			
	자기개발하고 있음	자기개발 비용 부담 주체			자기개발하고 있음	자기개발 비용 부담 주체		
		직장 100%	본인 100%	직장50%+본인50%		직장 100%	본인 100%	직장50%+본인50%
충청도	36.8	8.5	88.5	3.1	45.9	9.0	65.5	24.5
제주도	57.4	8.3	89.1	2.9	68.5	7.9	68.3	23.8
경기도	58.2	12	86.3	2.6	71.0	7.5	74.0	18.5
서울시	60.6	13.4	84.2	2.4	72.7	11.0	73.7	15.3
경상도	40.5	10.7	86.1	3.2	51.0	13.6	74.9	11.6

① 2025년과 2026년 모두 자기개발 비용을 본인이 100% 부담하는 사람의 수는 응답자의 절반 이상이다.

② 자기개발을 하고 있다고 응답한 사람의 수는 2025년과 2026년 모두 서울시가 가장 많다.

③ 자기개발 비용을 직장과 본인이 각각 절반씩 부담하는 사람의 비율은 2025년과 2026년 모두 서울시가 가장 높다.

④ 2025년과 2026년 모두 자기개발을 하고 있다고 응답한 비율이 가장 높은 지역에서 자기개발비용을 직장이 100% 부담한다고 응답한 사람의 비율이 가장 높다.

출제의도

그래프, 그림, 도표 등 주어진 자료를 이해하고 의미를 파악하여 필요한 정보를 해석하는 능력을 평가하는 문제이다.

해설

② 지역별 인원수가 제시되어 있지 않으므로, 각 지역별 응답자 수는 알 수 없다.

③ 2025년에는 경상도에서, 2026년에는 충청도에서 가장 높은 비율을 보인다.

④ 2025년과 2026년 모두 '자기 개발을 하고 있다'고 응답한 비율이 가장 높은 지역은 서울시이며, 2026년의 경우 자기개발 비용을 직장이 100% 부담한다고 응답한 사람의 비율이 가장 높은 지역은 경상도이다.

》 ①

02 출제예상문제

1 다음은 A지역 도로에 관한 자료이다. 산업용 도로 4km와 산업관광용 도로 5km의 건설비의 합은 얼마인가?

분류	총길이	건설비
관광용 도로	30km	30억
산업용 도로	60km	300억
산업관광용 도로	100km	400억
합계	283km	730억

① 20억 원 ② 30억 원
③ 40억 원 ④ 50억 원

> ✔해설 ㉠ 산업용 도로 4km의 건설비＝$(300 \div 60) \times 4 = 20$억 원
> ㉡ 산업관광용 도로 5km의 건설비＝$(400 \div 100) \times 5 = 20$억 원
> ∴ $20 + 20 = 40$억 원

2 다음 자료를 참고할 때, 산림율이 가장 큰 국가부터 순서대로 알맞게 나열된 것은? (단, 모든 수치는 반올림하여 소수 첫째 자리까지 표시한다.)

(단위 : 만 명, 명/km^2)

국가	인구수	인구밀도	산림 인구밀도
갑	1,200	24	65
을	1,400	36	55
병	2,400	22	30
정	3,500	40	85

* 인구밀도＝인구수÷국토 면적
* 산림 인구밀도＝인구수÷산림 면적
* 산림율＝산림 면적÷국토 면적×100

① 병 – 을 – 정 – 갑
② 을 – 병 – 정 – 갑
③ 병 – 을 – 갑 – 정
④ 병 – 정 – 을 – 갑

해설 ① 주어진 산식에 의하여 국토 면적, 산림 면적, 산림율을 확인해 보면 다음 표와 같다.

(단위 : 만 명, 명/km²)

국가	인구수	인구밀도	산림 인구밀도	국토 면적	산림 면적	산림율
갑	1,200	24	65	$1,200 \div 24 = 50$	$1,200 \div 65 = 18.5$	$18.5 \div 50 \times 100 = 37\%$
을	1,400	36	55	$1,400 \div 36 = 38.9$	$1,400 \div 55 = 25.5$	$25.5 \div 38.9 \times 100 = 65.6\%$
병	2,400	22	30	$2,400 \div 22 = 109.1$	$2,400 \div 30 = 80$	$80 \div 109.1 \times 100 = 73.3\%$
정	3,500	40	85	$3,500 \div 40 = 87.5$	$3,500 \div 85 = 41.2$	$41.2 \div 87.5 \times 100 = 47.1\%$

따라서 산림율이 가장 큰 국가는 병 – 을 – 정 – 갑국의 순이다.

3 형과 동생은 함께 집안 정리를 하려고 한다. 형 혼자 정리를 하면 30분, 동생 혼자 정리를 하면 20분이 걸린다. 처음 10분 동안은 두 형제가 함께 정리를 하고 남은 일은 형 혼자 정리를 하게 된다면 집안 정리를 끝마치는 데 걸리는 총 시간은 얼마인가?

① 13분   ② 15분

③ 18분   ④ 20분

해설 ② 형과 동생의 분당 정리량은 각각 $\frac{1}{30}$과 $\frac{1}{20}$이다. 따라서 두 형제가 함께 정리할 때의 분당 정리량은 $\frac{1}{30} + \frac{1}{20} = \frac{1}{12}$이 된다. 그러므로 10분 동안 함께 일을 하면 총 정리량은 $10 \times \frac{1}{12} = \frac{5}{6}$이 된다. 나머지 $\frac{1}{6}$을 형이 정리해야 하므로 형의 분당 정리량인 $\frac{1}{30}$에 필요한 시간 x를 곱하여 $\frac{1}{6}$이 되어야 한다. 따라서 $\frac{1}{30} \times x = \frac{1}{6}$이 된다.

그러므로 형이 혼자 정리하는 데 필요한 시간은 5분이 된다.

따라서 총 소요 시간은 10분+5분=15분이 된다.

ANSWER 1.③   2.①   3.②

┃4~5┃ 다음 교통사고와 관련된 예시 자료를 보고 이어지는 물음에 답하시오.

	2017년	2021년	2022년	2023년	2024년	2025년	2026년
사고(천 건)	212	222	224	215	224	232	221
사망(명)	6,166	5,229	5,392	5,092	4,762	4,621	4,292
부상(천 명)	336	341	345	329	337	350	332
자동차 1만대 당 교통사고(건)	3.1	2.4	2.4	2.2	2.0	1.9	1.7
인구 10만 명 당 교통사고 사망자수(명)	12.7	10.7	10.8	10.1	9.4	9.1	8.5
보행 시 교통사고자 중 사망자 구성비(%)	37.4	39.1	37.6	38.9	40.1	38.8	39.9

4 다음 중 위의 자료를 올바르게 해석하지 못한 것은?

① 2026년에는 10년 전보다 사고 건수와 보행 시 교통사고자 중 사망자 구성비가 더 증가하였다.

② 교통사고 사망자와 부상자 수의 합은 2022년 이후 지속적으로 감소하였다.

③ 2021 ~ 2026년까지의 평균 사고 건수보다 더 높은 사고 건수를 기록한 해는 3개 연도이다.

④ 보행 시 교통사고가 나면 10명 중 약 4명꼴로 사망하였다.

✔해설 사망자와 부상자의 단위가 다른 것에 주의하여 계산해 보면, 2022년부터 사망자와 부상자 수의 합은 각각 350,392명, 334,092명, 341,762명, 354,621명, 336,292명으로 지속 감소하지 않았음을 알 수 있다.
③ 2021 ~ 2026년까지의 평균 사고 건수는 (222 + 224 + 215 + 224 + 232 + 221) ÷ 6 = 223천 건이므로 2022, 2024, 2025년의 사고 건수가 평균보다 더 높다.

5 2017년의 총 자동차 대수가 1천만 대였다고 가정할 경우, 2026년의 총 자동차 교통사고 건수가 2017년과 같아지게 될 때의 총 자동차 대수는 몇 대인가? (단, 반올림하여 천의 자리까지 표시한다.)

① 17,508천 대

② 17,934천 대

③ 18,011천 대

④ 18,235천 대

✔해설 ④ 2017년의 총 자동차 대수가 1천만 대라면 총 자동차 교통사고 건수는 $1,000 \times 3.1 = 3,100$건이 된다. 2026년의 총 자동차 대수를 x라 하면, 2026년의 총 자동차 교통사고 건수가 3,100건이 되기 위해서는 $10,000 : 1.7 = x : 3,100$이 성립해야 한다.
따라서 $x = 10,000 \times 3,100 \div 1.7 = 18,235,294 \rightarrow 18,235$천 대가 된다.

▌6~9▐ 다음의 일정한 규칙에 의해 배열된 숫자를 보고 빈칸에 들어갈 알맞은 숫자를 고르시오.

6

7 6 10 10 13 14 16 18 19 ( )

① 21

② 22

③ 23

④ 24

✔해설 ② 홀수 항은 +3씩, 짝수 항은 +4씩 증가한다. $18 + 4 = 22$

7

8 16 14 7 9 ( ) 24 8 11

① 27

② 18

③ 11

④ 3

✔해설 ① $\times 2$, -2, $\div 2$, $+2$, $\times 3$, -3, $\div 3$, $+3$순으로 변화된다.

8

$$12 \quad 13 \quad 24 \quad 45 \quad (\quad)$$

① 65   ② 76

③ 81   ④ 87

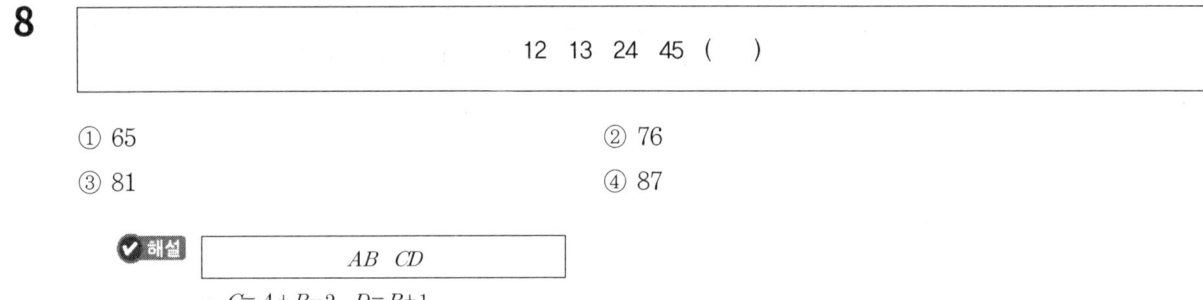

✔ 해설

$$AB \quad CD$$

∴ $C = A + B - 2, \ D = B + 1$

9

$$221 \quad 331 \quad 442 \quad 652 \quad (\quad)$$

① 682   ② 729

③ 864   ④ 915

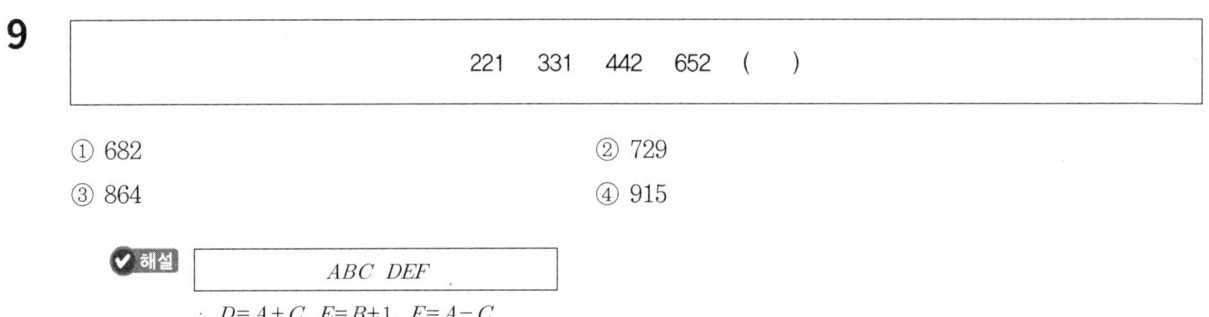

✔ 해설

$$ABC \quad DEF$$

∴ $D = A + C, \ E = B + 1, \ F = A - C$

10 명수네 가게에서는 유통기간이 가까운 제품을 할인 판매하고 있다. 제품의 가격은 개당 5,000원이고, 하루에 1,000원씩 할인하여 판매하였다. 총 매출이 120,000원일 때, 몇 일만에 매진된 것인가? (단, 하루 판매 개수는 매일 10개로 동일하다.)

① 2일   ② 3일

③ 4일   ④ 5일

✔ 해설 ② 하루 판매 개수가 10개이므로,
- 첫날 매출 $5000 \times 10 = 50,000$원
- 둘째날 매출 $4000 \times 10 = 40,000$원
- 셋째날 매출 $3000 \times 10 = 30,000$원
합계 $120,000$원
따라서 3일만에 상품은 매진되었다.

11 A, B, C 3명이 벤치에 나란히 앉을 때 3명이 앉는 방법은?

① 2가지

② 4가지

③ 6가지

④ 8가지

> ✔해설 ③ 3명을 순서 있게 앉게 하는 방법이므로
> $3! = 3 \times 2 \times 1 = 6$(가지)
> ABC, ACB, BAC, BCA, CAB, CBA 6가지 방법이 있다.

12 남자 4명, 여자 5명, 총 9명에서 2명의 위원을 선출할 때, 둘 다 여자가 되는 확률은?

① $\dfrac{2}{16}$

② $\dfrac{5}{18}$

③ $\dfrac{8}{21}$

④ $\dfrac{7}{25}$

> ✔해설 ② 9명에서 2명을 뽑을 방법의 수는 $_9C_2$, 여자 5명에서 2명을 뽑을 방법의 수는 $_5C_2$이다.
> $\therefore \dfrac{_5C_2}{_9C_2} = \dfrac{10}{36} = \dfrac{5}{18}$

13 5진법의 2130에서 두 번째 자리의 1이 나타내는 실제 수는?

① 8

② 13

③ 20

④ 25

> ✔해설 ④ 10진법으로 바꾸면,
> $2 \times 5^3 + 1 \times 5^2 + 3 \times 5^1 + 0 \times 5^0$
> $= 2 \times 125 + 1 \times 25 + 15$
> $= 250 + 25 + 15$
> $= 290$

14 A와 B가 주사위를 던져 3이 먼저 나오는 사람이 이기는 게임을 했다. A가 주사위를 다섯 번 던져 이길 확률은?

① $\dfrac{5}{36}$　　　　　　　　　　　　② $\dfrac{25}{216}$

③ $\dfrac{125}{1296}$　　　　　　　　　　　④ $\dfrac{625}{7776}$

✔**해설**　④ 3이 나올 확률 $= \dfrac{1}{6}$ 이므로,

다섯 번째에 3이 나올 확률 $= \dfrac{5}{6} \times \dfrac{5}{6} \times \dfrac{5}{6} \times \dfrac{5}{6} \times \dfrac{1}{6} = \dfrac{625}{7776}$

15 연속한 세 자연수 중, 가운데 숫자에 5를 곱한 후에 세 수를 합해보니 49가 나왔다. 연속한 세 숫자 중 가장 작은 수는 얼마인가?

① 6　　　　　　　　　　　　② 7

③ 9　　　　　　　　　　　　④ 8

✔**해설**　① 연속한 제 자연수를 $a-1$, a, $a+1$ 이라고 할 때, $a-1+5a+a+1 = 7a = 49$ 이므로 $a = 7$ 이다. 연속하는 세 숫자 $a-1$, a, $a+1$ 중 가장 작은 숫자는 $7-1 = 6$

16 비가 온 다음 날 비가 올 확률은 $\dfrac{1}{3}$ 이고, 비가 오지 않은 다음 날 비가 올 확률은 $\dfrac{1}{5}$ 이다. 월요일에 비가 왔을 때, 수요일에 비가 오지 않을 확률은?

① $\dfrac{16}{45}$　　　　　　　　　　　　② $\dfrac{29}{45}$

③ $\dfrac{32}{45}$　　　　　　　　　　　　④ $\dfrac{34}{45}$

✔**해설**　④ 화요일에 비가 오고 수요일에 비가 오지 않을 확률 : $\dfrac{1}{3} \times \dfrac{2}{3} = \dfrac{2}{9}$

화요일에 비가 오지 않고 수요일에 비가 오지 않을 확률 : $\dfrac{2}{3} \times \dfrac{4}{5} = \dfrac{8}{15}$

$\therefore \dfrac{2}{9} + \dfrac{8}{15} = \dfrac{10+24}{45} = \dfrac{34}{45}$

17 양의 정수 x를 6배한 수는 42보다 크고, 5배한 수에서 10을 뺀 수는 50보다 작을 때, 이 조건을 만족하는 모든 양의 정수 x의 합은?

① 38

② 45

③ 57

④ 63

✔**해설** ① $6x > 42$, $5x - 10 < 50$를 정리하면

$7 < x < 12$이므로 만족하는 모든 정수 x의 합은 $8 + 9 + 10 + 11 = 38$이다.

18 승호는 두 살 터울의 동생이 있다. 동생과 승호의 나이의 합은 엄마의 나이의 2/3이고 11년 후에는 동생과 승호의 나이의 합은 엄마의 나이와 같아진다. 현재 동생과 엄마의 나이의 합은 얼마인가?

① 41

② 43

③ 45

④ 47

✔**해설** ② 승호의 나이를 x, 엄마의 나이를 y라 할 때,

$x + x - 2 = \dfrac{2}{3}y$, 정리하면 $3x - y = 3 \cdots \bigcirc$

$(x + 11) + (x - 2 + 11) = y + 11$, 정리하면 $2x - y = -9 \cdots \bigcirc\!\bigcirc$

$\bigcirc - \bigcirc\!\bigcirc$하면, $x = 12$, $y = 33$이므로 승호의 나이는 12세, 동생의 나이는 10세, 엄마의 나이는 33세이다.

∴ 동생과 엄마의 나이의 합은 43이다.

19 지수가 낮잠을 자는 동안 엄마가 집에서 마트로 외출을 했다. 곧바로 잠에서 깬 지수는 엄마가 출발하고 10분 후 엄마의 뒤를 따라 마트로 출발했다. 엄마는 매분 100m의 속도로 걷고, 지수는 매분 150m의 속도로 걷는다면 지수는 몇 분 만에 엄마를 만나게 되는가?

① 10분

② 20분

③ 30분

④ 40분

✔**해설** ② 지수가 걸린 시간을 y, 엄마가 걸린 시간을 x라 하면

$\begin{cases} x - y = 10 & \cdots \bigcirc \\ 100x = 150y & \cdots \bigcirc\!\bigcirc \end{cases}$에서 $\bigcirc$을 $\bigcirc\!\bigcirc$에 대입한다.

$100(y + 10) = 150y \Rightarrow 5y = 100 \Rightarrow y = 20$

따라서 지수는 20분 만에 엄마를 만나게 된다.

20 어떤 일을 하는데 수빈이는 16일, 혜림이는 12일이 걸린다. 처음에는 수빈이 혼자서 3일 동안 일하고, 그 다음은 수빈이와 혜림이가 같이 일을 하다가 마지막 하루는 혜림이만 일하여 일을 끝냈다. 수빈이와 혜림이가 같이 일 한 기간은 며칠인가?

① 3일

② 4일

③ 5일

④ 6일

 ㉠ 수빈이가 하루 일하는 양 : $\frac{1}{16}$

㉡ 혜림이가 하루 일하는 양 : $\frac{1}{12}$

전체 일의 양을 1로 놓고 같이 일을 한 일을 x라 하면

$$\frac{3}{16}+(\frac{1}{16}+\frac{1}{12})x+\frac{1}{12}=1$$

$$\frac{13+7x}{48}=1$$

$$\therefore \ x=5일$$

21 40%의 소금물 80g과 새로 구매한 소금물을 섞어 34% 농도의 소금물을 만들었다. 새로 구매한 소금물이 120g일 때, 소금은 몇 g인가?

① 22g

② 28g

③ 36g

④ 42g

 ㉠ 40% 소금물의 소금의 양은 $0.4 \times 80 = 32g$

㉡ 새로 구매한 소금물의 소금의 양을 x라 하면,

$$\frac{32+x}{80+120} \times 100 = 34\%$$

$$\therefore \ x=36g$$

22 귀하는 OO 공단의 홍보 담당자인 L 사원이다. 아래의 자료를 근거로 판단할 때, L 사원이 선택할 4월의 광고수단은?

- 주어진 예산은 월 3천만 원이며, L 사원은 월별 공고효과가 가장 큰 광고수단 하나만을 선택한다.
- 광고비용이 예산을 초과하면 해당 광고수단은 선택하지 않는다.
- 광고효과는 아래와 같이 계산한다.

$$광고효과 = \frac{총\ 광고\ 횟수(회/월) \times 회당\ 광고노출자\ 수(만\ 명)}{광고비용}$$

- 광고수단은 한 달(30일) 단위로 선택된다.

〈표〉

광고수단	광고 횟수	회당 광고노출자 수	월 광고비용(천 원)
TV	월 3회	100만 명	30,000
버스	일 1회	10만 명	20,000
KTX	일 70회	1만 명	35,000
지하철	일 90회	1백 명	27,000
포털사이트	일 50회	5천 명	30,000

① TV
② 버스
③ 지하철
④ 포털사이트

✔ **해설** ④ L 사원에게 주어진 예산은 월 3천만 원이며, 이를 초과할 경우 광고수단은 선택하지 않는다. 따라서 월 광고비용이 3,500만 원인 KTX는 배제된다. 조건에 따라 광고수단은 한 달 단위로 선택되며 4월의 광고 비용을 계산해야 하므로 모든 광고수단은 30일을 기준으로 한다. 조건에 따른 광고 효과 공식을 대입하면 아래와 같이 광고 효과를 산출할 수 있다.

구분	광고횟수(회/월)	회당 광고노출자 수(만 명)	월 광고비용(천 원)	광고효과
TV	3	100	30,000	0.01
버스	30	10	20,000	0.015
KTX	2,100	1	35,000	0.06
지하철	2,700	0.01	27,000	0.001
포털사이트	1,500	0.5	30,000	0.025

따라서 L 사원은 예산 초과로 배제된 KTX를 제외하고, 월별 광고효과가 가장 좋은 포털사이트를 선택한다.

23 다음은 갑 가게에서 판매된 가전제품의 품목별 판매량에 관한 자료이다. 표에 대한 설명으로 옳은 것은?

판매량 순위	품목	판매량	국내산	국외산
1	TV	271	228	43
2	냉장고	128	118	10
3	에어컨	100	77	23
4	노트북	84	61	23
5	세탁기	59	55	4
6위 이하		261	220	41
전체		903	759	144

① 전체 냉장고 판매량 중 국외산이 차지하는 비중은 10% 이상이다.

② 전체 판매량 중 국내산이 차지하는 비중은 80% 이상이다.

③ TV의 판매수익은 갑 가게의 수입의 절반 이상을 차지한다.

④ 갑 가게의 모든 가전기기는 국외산보다 국내산이 더 잘 팔린다.

 해설 ② 전체 판매량 중 국내산이 차지하는 비중은 $\frac{759}{903} \times 100 = 84.05(\%)$이다.

① 전체 냉장고 판매량 중 국외산이 차지하는 비중은 $\frac{10}{128} \times 100 = 7.81(\%)$이다.

③ 각 제품의 가격이 주어지지 않았기 때문에 판매수익은 알 수 없다.

④ 5위 이상 제품들은 국외산보다 국내산이 더 잘 팔렸지만, 6위 이하의 제품들에 대해서는 알 수 없다.

24 회원제로 운영되는 어느 인터넷 서점에서는 주문할 책의 권수나 배송장소에 관계없이 주문 횟수에 따라 다음 표와 같이 배송료를 받고 있다. 이 서점에서 일 년에 몇 회 이상 주문하면 회원으로 가입하여 책을 주문하는 것이 비회원으로 주문하는 것보다 유리한가?

구분	비회원	회원
연회비	없음	6,000원
1회 주문 시 배송료	2,500원	1,000원

① 4회 ② 5회

③ 6회 ④ 7회

해설 $6,000 + 1,000x < 2,500x$

$6,000 < 1,500x$

$4 < x$

따라서 5회 이상 주문하는 것이 유리하다.

25 다음은 2023 ~ 2026년에 자연과학, 공학, 의학 및 농학 분야에 투자된 국가전체의 총 연구개발비에 대한 예시 자료이다. 표에 관한 설명으로 옳지 않은 것은?

〈표〉 국가별 연구개발비

(단위 : 백만 $)

구분	2023년	2024년	2025년	2026년
한국	46,130	52,100	58,380	65,395
미국	406,000	409,599	429,143	453,544
독일	83,134	87,832	96,971	102,238
프랑스	49,944	50,736	53,311	55,352
중국	184,457	213,010	247,808	293,550
영국	39,581	38,144	39,217	39,110

① 영국을 제외한 5개국은 2023년부터 2026년까지 연구개발비가 꾸준히 증가했다.
② 2025년 대비 2026년 연구개발비 증가율이 가장 큰 나라는 한국이다.
③ 2023년 미국의 연구개발비는 나머지 5개국의 연구개발비의 총 합보다 높다.
④ 영국은 2026년에 2023년보다 더 적은 금액의 연구개발비를 투자했다.

✔해설 ② 국가별 2025년 대비 2026년 연구개발비 증가율

한국 : $\frac{65,395 - 58,380}{58,380} \times 100 ≒ 12.02$ 　　미국 : $\frac{453,544 - 429,143}{429,143} \times 100 ≒ 5.69$

독일 : $\frac{102,238 - 96,971}{96,971} \times 100 ≒ 5.43$ 　　프랑스 : $\frac{55,352 - 53,311}{53,311} \times 100 ≒ 3.83$

중국 : $\frac{293,550 - 247,808}{247,808} \times 100 ≒ 18.46$ 　　영국 : $\frac{39,110 - 39,217}{39,217} \times 100 ≒ -0.27$

∴ 2025년 대비 2026년 연구개발비 증가율이 가장 큰 나라는 중국이다.

26 다음 〈표〉는 2024 ~ 2026년 동안 어느 지역의 용도별 물 사용량 현황을 나타낸 자료이다. 다음 표에 대한 설명으로 옳지 않은 것은?

(단위 : m^3, %, 명)

연도 구분 용도	2024년		2025년		2026년	
	사용량	비율	사용량	비율	사용량	비율
생활용수	136,762	56.2	162,790	56.2	182,490	56.1
가정용수	65,100	26.8	72,400	25.0	84,400	26.0
영업용수	11,000	4.5	19,930	6.9	23,100	7.1
업무용수	39,662	16.3	45,220	15.6	47,250	14.5
욕탕용수	21,000	8.6	25,240	8.7	27,740	8.5
농업용수	45,000	18.5	49,050	16.9	52,230	16.1
공업용수	61,500	25.3	77,900	26.9	90,300	27.8
총 사용량	243,262	100.0	289,740	100.0	325,020	100.0
사용인구	379,300		430,400		531,250	

※ 1명당 생활용수 사용량(m^3/명) = $\dfrac{\text{생활용수 총 사용량}}{\text{사용인구}}$

① 생활용수의 사용량은 계속 증가하고 있다.

② 2025년에는 생활용수의 사용량은 증가했지만 비율은 2024년과 같다.

③ 매년 생활용수 중 가장 비중이 높은 것은 가정용수이다.

④ 욕탕용수의 비율은 매년 증가하고 있다.

✔ 해설 ④ 욕탕용수의 비율은 2026년에 하락했다.

| 27~28 | 다음은 암 발생률에 대한 통계표이다. 표를 보고 물음에 답하시오.

암종	발생자수(명)	상대빈도(%)
위	25,809	18.1
대장	17,625	12.4
간	14,907	10.5
쓸개 및 기타담도	4,166	2.9
췌장	3,703	2.6
후두	1,132	0.8
폐	16,949	11.9
유방	9,898	6.9
신장	2,299	1.6
방광	2,905	2.0
뇌 및 중추신경계	1,552	1.1
갑상샘	12,649	8.9
백혈병	2,289	1.6
기타	26,727	18.7

27 기타를 제외하고 상대적으로 발병 횟수가 가장 높은 암은 가장 낮은 암의 몇 배나 발병하는가? (단, 소수 첫째자리에서 반올림한다.)

① 23배　　　　　　　　　　　　② 24배

③ 25배　　　　　　　　　　　　④ 26배

　✔해설　① 기타를 제외하고 위암이 18.1%로 가장 높고 후두암이 0.8%로 가장 낮다.
　　　　　따라서 18.1 ÷ 0.8 = 22.625 ≒ 23배

28 폐암 발생자수는 백혈병 발생자수의 몇 배인가? (단, 소수 첫째자리까지 구한다.)

① 6.8　　　　　　　　　　　　② 7.2

③ 7.4　　　　　　　　　　　　④ 8.2

　✔해설　③ 16,949 ÷ 2,289 = 7.4배

▌29 ~ 30 ▌ 다음은 2026년 어느 도시의 산업분류별 사업체수 및 종사자수에 대한 자료이다. 물음에 답하시오.

〈표〉 산업분류별 사업체수 및 종사자수

산업분류	사업체수	총 종사자수	총 종사자수(남)	총 종사자수(여)
도매 및 소매업	108,410	643,931	376,444	267,487
숙박 및 음식점업	69,639	350,526	142,780	207,746
제조업	33,571	252,213	148,738	103,475
협회 및 단체, 수리 및 기타 개인서비스업	30,740	151,038	80,785	70,253
전문, 과학 및 기술서비스업	26,730	389,323	260,760	128,563
보건업 및 사회복지서비스업	23,308	257,362	59,723	197,639
교육서비스업	18,139	213,582	96,192	117,390
부동산업 및 임대업	16,558	118,602	81,894	36,708
출판, 영상, 방송통신 및 정보서비스업	15,795	296,134	207,691	88,443
기타	50,968	1,146,077	745,677	400,400

29 다음 중 한 사업체당 평균 종사자수가 가장 적은 산업분류는 무엇인가?

① 제조업

② 전문, 과학 및 기술서비스업

③ 교육서비스업

④ 출판, 영상, 방송통신 및 정보서비스업

 ① $\frac{252,213}{33,571} = 7.51$(명)　　② $\frac{389,323}{26,730} = 14.57$(명)

③ $\frac{213,582}{18,139} = 11.77$(명)　　④ $\frac{296,134}{15,795} = 18.75$(명)

30 다음 중 남자 종사자수 대비 여자 종사자수의 비율이 가장 높은 산업분류는 무엇인가?

① 도매 및 소매업

② 제조업

③ 협회 및 단체, 수리 및 기타 개인서비스업

④ 전문, 과학 및 기술서비스업

 ① $\frac{267,487}{376,444} = 0.71$

② $\frac{103,475}{148,738} = 0.70$

③ $\frac{70,253}{80,785} = 0.87$

④ $\frac{128,563}{260,760} = 0.49$

Chapter 03 문제해결능력

[문제해결능력] 출제유형

① 사고력 : 제시된 상황에 대해 어떻게 접근하고, 어떤 방식으로 해결할 것인지에 대한 방법을 모색하게 하는 유형이다.

② 문제처리능력 : 전체 자료에서 필요한 요소를 뽑아낼 수 있는지, 우선순위를 파악하고 빠르게 해결할 수 있는지를 평가하는 유형이다.

[문제해결능력] 출제경향

문제해결능력은 업무 수행과정에서 발생하는 복잡하고 다양한 문제를 파악한 뒤 해결하는 능력이다. 대체로 문제 상황을 제시하고 그것의 해결절차를 묻는 유형이 출제되며, 창의적인 사고를 평가하는 사고력 문제가 출제되는 경우도 있다. 무엇보다 주어진 상황과 조건을 대조하며 정답을 추론해 내는 능력이 중요하다고 할 수 있다.

[문제해결능력] 유형별 출제빈도

출제유형	출제빈도									
사고력										
문제처리능력										

예제 01 문제처리능력

D회사 신입사원으로 입사한 당신은 신입사원 교육에서 업무수행과정에서 발생하는 문제 유형 중 설정형 문제를 하나씩 찾아오라는 지시를 받았다. 이에 대해 당신은 교육받은 내용을 다시 복습하려고 한다. 설정형 문제에 해당하는 것은?

① 현재 직면하여 해결하기 위해 고민하는 문제
② 현재의 상황을 개선하거나 효율을 높이기 위한 문제
③ 앞으로 어떻게 할 것인가 하는 문제
④ 원인이 내재되어 있는 원인지향적인 문제

출제의도
업무수행 중 문제가 발생하였을 때 문제 유형을 구분하는 능력을 측정하는 문항이다.

해설
업무수행과정에서 발생하는 문제 유형으로는 발생형 문제, 탐색형 문제, 설정형 문제가 있으며 ①④는 발생형 문제이며 ②는 탐색형 문제, ③이 설정형 문제이다.

》 ③

예제 02 사고력

M사 홍보팀에서 근무하고 있는 당신은 입사 5년차로 창의적인 기획안을 제출하기로 유명하다. S 부장은 이번 신입사원 교육 때 당신에게 창의적인 사고란 무엇인지 교육을 맡아달라고 부탁하였다. 창의적인 사고에 대한 당신의 설명으로 옳지 않은 것은?

① 창의적인 사고는 새롭고 유용한 아이디어를 생산해 내는 정신적인 과정이다.
② 창의적인 사고는 특별한 사람들만이 할 수 있는 대단한 능력이다.
③ 창의적인 사고는 기존의 정보들을 특정한 요구조건에 맞거나 유용하도록 새롭게 조합시킨 것이다.
④ 창의적인 사고는 통상적인 것이 아니라 기발하거나, 신기하며 독창적인 것이다.

출제의도
창의적 사고에 대한 개념을 정확히 파악하고 있는지를 묻는 문항이다.

해설
창의적인 사고는 이미 알고 있는 경험과 지식을 해체하여 다시 새로운 정보로 결합하여 가치 있는 아이디어를 산출하는 사고라고 할 수 있다.

》 ②

예제 03 문제처리능력

L사에서 주력 상품으로 밀고 있는 TV의 판매 이익이 감소하고 있는 상황에서 당신은 B 부장으로부터 3C분석을 통해 해결방안을 강구해 오라는 지시를 받았다. 다음 중 3C에 해당하지 않는 것은?

① Customer
② Company
③ Competitor
④ Content

출제의도
3C의 개념과 구성요소를 정확히 숙지하고 있는지를 측정하는 문항이다.

해설
3C 분석에서 사업 환경을 구성요소는 사(Company), 경쟁사(Competitor), 고객을 3C (Customer)이다.

》 ④

예제 04 문제처리능력

C사는 최근 국내 매출이 지속적으로 하락하고 있어 사내 분위기가 심상치 않다. 이에 대해 Y 부장은 이 문제를 극복하고자 문제처리 팀을 구성하여 해결방안을 모색하도록 지시하였다. 문제처리 팀의 문제해결 절차를 올바른 순서로 나열한 것은?

① 문제 인식 → 원인 분석 → 해결안 개발 → 문제 도출 → 실행 및 평가
② 문제 도출 → 문제 인식 → 해결안 개발 → 원인 분석 → 실행 및 평가
③ 문제 인식 → 원인 분석 → 문제 도출 → 해결안 개발 → 실행 및 평가
④ 문제 인식 → 문제 도출 → 원인 분석 → 해결안 개발 → 실행 및 평가

출제의도
실제 업무 상황에서 문제가 일어났을 때 해결 절차를 알고 있는지를 측정하는 문항이다.

해설
일반적인 문제해결절차는 '문제 인식 → 문제 도출 → 원인 분석 → 해결안 개발 → 실행 및 평가'로 이루어진다.

》 ④

1 다음 제시된 글의 내용을 읽고 화자(話者)가 범하고 있는 논리상의 오류에 대하여 올바르게 지적한 것은?

> "여보, 우리가 민서를 자정까지 나가 놀게 내버려두면 나중엔 새벽 한 시에 들어오게 될 거고, 그 다음엔 세 시에 들어오다가, 언젠간 아예 외박을 하게 될지도 몰라요."

① 화자는 민서가 외박을 하고 싶어 한다고 추정하고 있다.
② 화자는 늦게 귀가하는 것과 외박은 모두 받아들일 수 없다고 주장하고 있다.
③ 화자는 좋지 않은 선례를 남기기를 원하지 않고 있다.
④ 화자는 한 사건이 다른 사건으로 자동으로 이어진다고 추정하고 있다.

✔해설 ④ 화자가 범하고 있는 논리상의 오류는 민서의 늦은 귀가가 이후의 아무런 제동 장치 없이 반드시 외박으로 이어질 것이라는 단정이다. 이것은 이성과 논리보다 감정에 호소한 논증 오류의 방법이라고 할 수 있다.

2 다음의 진술을 참고할 때, 1~5층 중 각기 다른 층에 살고 있는 사람들의 거주 위치에 관한 설명이 참인 것은?

> • 을은 갑과 연이은 층에 거주하지 않는다.
> • 병은 무와 연이은 층에 거주하지 않는다.
> • 정은 무와 연이은 층에 거주하지 않는다.
> • 정은 1층에 위치하며 병은 2층에 위치하지 않는다.

① 갑은 5층에 거주한다.　　　　　　　　② 을은 5층에 거주한다.
③ 병은 4층에 거주한다.　　　　　　　　④ 무가 3층에 거주한다면 병은 5층에 거주한다.

✔해설 ④ 정이 1층에 거주하므로 네 번째 조건에 의해 2층에 무가 거주할 수 없다. 또한 네 번째 조건에서 병도 2층에 거주하지 않는다 하였으므로 2층에 거주할 수 있는 사람은 갑 또는 을이다. 이것은 곧, 3, 4, 5층에 병, 무, 갑 또는 을이 거주한다는 것이 된다.
두 번째 조건에 의해 병과 무가 연이은 층에 거주하지 않으므로 3, 5층에는 병과 무 중 한 사람이 거주하며 2, 4층에 갑과 을 중 한 사람이 거주하는 것이 된다.
따라서 ①②③의 내용은 모두 모순되는 것이 되며, ④에서와 같이 무가 3층에 거주한다면 병이 5층에 거주하게 된다.

3 전력 설비 수리를 하기 위해 본사에서 파견된 8명의 기술자들이 출장지에서 하룻밤을 묵게 되었다. 1개 층에 4개의 객실(101 ～ 104호, 201 ～ 204호, 301 ～ 304호, 401 ～404호)이 있는 3층으로 된 조그만 여인숙에 1인당 객실 1개씩을 잡고 투숙하였고 다음과 같은 조건을 만족할 경우, 12개의 객실 중 8명이 묵고 있지 않은 객실 4개를 모두 알기 위하여 필요한 사실이 될 수 있는 것은 다음 중 어느 것인가? (단, 출장자 일행 외의 다른 투숙객은 없는 것으로 가정한다.)

- 출장자들은 1, 2, 3층에 각각 객실 2개, 3개, 3개에 투숙하였다.
- 출장자들은 1, 2, 3, 4호 라인에 각각 2개, 2개, 1개, 3개 객실에 투숙하였다.

① 302호에 출장자가 투숙하고 있지 않다.
② 203호에 출장자가 투숙하고 있지 않다.
③ 102호에 출장자가 투숙하고 있다.
④ 103호에 출장자가 투숙하고 있다.

✔**해설** ④ 객실의 층과 라인의 배열을 그림으로 표현하면 다음과 같다.

301호	302호	303호	304호
201호	202호	203호	204호
101호	102호	103호	104호

두 번째 조건에서 4호 라인에는 3개의 객실에 투숙하였다고 했으므로 104호, 204호, 304호에는 출장자가 있게 된다. 또한 3호 라인에는 1개의 객실에만 출장자가 투숙하였다고 했는데, 만일 203호나 303호에 투숙하였을 경우, 2층과 3층의 나머지 객실이 정해질 수 없다. 그러나 103호에 투숙하였을 경우, 1층의 2개 객실이 정해지게 되며 2층과 3층은 3호 라인을 제외한 1호와 2호 라인 모두에 출장자가 투숙하여야 한다. 따라서 ④의 사실이 확인된다면 8명의 출장자가 투숙한 8개의 객실과 투숙하지 않는 4개의 객실 모두를 다음과 같이 알아낼 수 있다.

301호	302호	303호	304호
201호	202호	203호	204호
101호	102호	103호	104호

ANSWER 1.④ 2.④ 3.④

4 다음 16진법에 대한 설명을 참고할 때, 10진법의 45를 나타내는 수를 16진법으로 올바르게 표기한 것은?

10진법이 0~9까지 10개의 숫자를 사용하여 모든 수를 나타내듯이 16진법은 0~15까지의 16개 숫자를 사용하며, 이후부터는 다시 10진법과 마찬가지로 '10'이라는 숫자로 16번째 수를 나타내게 된다. 그런데, 9 이후의 숫자가 존재하지 않기 때문에 알파벳을 사용하여 다음과 같이 부족한 수를 나타내게 된다.

10진법	10	11	12	13	14	15
16진법	A	B	C	D	E	F

따라서 알파벳 C는 10진법의 12를 나타내며, 16진법으로 쓰인 '13'이라는 표기는 10진법의 19를 나타낸다.

① 1D

② 1E

③ 2C

④ 2D

✔해설 ④ 주어진 설명에 따라 10진법과 16진법의 표기를 표로 나타내면 다음과 같다.

10진법	0	1	2	3	4	5	6	7	8	9	10	11	12	13	14	15
16진법	0	1	2	3	4	5	6	7	8	9	A	B	C	D	E	F

10진법	16	17	18	19	20	21	22	23	24	25	26	27	28	29	30	31
16진법	10	11	12	13	14	15	16	17	18	19	1A	1B	1C	1D	1E	1F

10진법	32	33	34	35	36	37	38	39	40	41	42	43	44	45	46	47
16진법	20	21	22	23	24	25	26	27	28	29	2A	2B	2C	2D	2E	2F

따라서 10진법의 45는 16진법으로 2D로 표기된다.

5 다음은 지역 간의 시차를 계산하는 방법에 대한 설명이다. 다음을 참고할 때, 동경 135도에 위치한 인천에서 서경 120도에 위치한 로스앤젤레스로 출장을 가야 하는 최 과장이 도착지 공항에 현지 시각 7월 10일 오전 11시까지 도착하기 위해서 탑승해야 할 가장 늦은 항공편은? (단, 비행시간 이외의 시간은 고려하지 않는다.)

시차 계산 요령은 다음과 같은 3가지의 원칙을 적용할 수 있다.

1. 같은 경도(동경과 동경 혹은 서경과 서경)인 경우는 두 지점을 빼서 15로 나누되, 더 숫자가 큰 쪽이 동쪽에 위치한다는 뜻이므로 시간도 더 빠르다.
2. 또한, 본초자오선과의 시차는 한국이 영국보다 9시간 빠르다는 점을 적용하면 된다.
3. 경도가 다른 경우(동경과 서경)는 두 지점을 더해서 15로 나누면 되고 역시 동경이 서경보다 더 동쪽에 위치하므로 시간도 더 빠르게 된다.

항공편명	출발일	출발 시각	비행시간
KR107	7월 9일	오후 11시	
AE034	7월 9일	오후 2시	
KR202	7월 9일	오후 7시	12시간
AE037	7월 10일	오후 10시	
KR204	7월 10일	오후 4시	

① KR107   ② AE034

③ KR202   ④ KR204

✔해설 ④ 출발지와 도착지는 경도가 다른 지역이므로 주어진 설명의 3번에 해당된다. 따라서 두 지점의 시차를 계산해 보면 $(135+120) \div 15 = 17$시간이 된다.

또한, 인천이 로스앤젤레스보다 더 동쪽에 위치하므로 인천이 로스앤젤레스보다 17시간이 빠르게 된다. 다시 말해, 로스앤젤레스가 인천보다 17시간이 느리다. 따라서 최 과장이 도착지에 7월 10일 오전 11시까지 도착하기 위해서는 비행시간이 12시간이므로 도착지 시간 기준 늦어도 7월 9일 오후 11시에는 출발지에서의 탑승이 이루어져야 한다. 그러므로 7월 9일 오후 11시를 출발지 시간으로 환산하면, 7월 10일 오후 4시가 된다. 따라서 최 과장이 탑승할 수 있는 가장 늦은 항공편은 KR204임을 알 수 있다.

6 다음은 건축물의 에너지절약설계에 관한 기준의 일부를 발췌한 것이다. 아래 기준에 따라 에너지절약 계획서가 필요 없는 예외대상 건축물이 아닌 것은?

제3조(에너지절약계획서 제출 예외대상 등)
① 영 제10조 제1항에 따라 에너지절약계획서를 첨부할 필요가 없는 건축물은 다음 각 호와 같다.
  1. 「건축법 시행령」에 따른 변전소, 도시가스배관시설, 정수장, 양수장 중 냉·난방 설비를 설치하지 아니하는 건축물
  2. 「건축법 시행령」에 따른 운동시설 중 냉·난방 설비를 설치하지 아니하는 건축물
  3. 「건축법 시행령」에 따른 위락시설 중 냉·난방 설비를 설치하지 아니하는 건축물
  4. 「건축법 시행령」에 따른 관광 휴게시설 중 냉·난방 설비를 설치하지 아니하는 건축물
  5. 「주택법」 제16조 제1항에 따라 사업계획 승인을 받아 건설하는 주택으로서 「주택건설기준 등에 관한 규정」 제64조 제3항에 따라 「에너지절약형 친환경주택의 건설기준」에 적합한 건축물

제4조(적용예외) 다음 각 호에 해당하는 경우 이 기준의 전체 또는 일부를 적용하지 않을 수 있다.
  1. 지방건축위원회 또는 관련 전문 연구기관 등에서 심의를 거친 결과, 새로운 기술이 적용되거나 연간 단위면적당 에너지소비총량에 근거하여 설계됨으로써 이 기준에서 정하는 수준 이상으로 에너지절약 성능이 있는 것으로 인정되는 건축물의 경우
  2. 건축물 에너지 효율등급 인증 3등급 이상을 취득하는 경우. 다만, 공공기관이 신축하는 건축물은 그러하지 아니한다.
  3. 건축물의 기능·설계조건 또는 시공 여건상의 특수성 등으로 인하여 이 기준의 적용이 불합리한 것으로 지방건축위원회가 심의를 거쳐 인정하는 경우에는 이 기준의 해당 규정을 적용하지 아니할 수 있다. 다만, 지방건축위원회 심의 시에는 「건축물 에너지효율등급 인증에 관한 규칙」 제4조 제4항 각 호의 어느 하나에 해당하는 건축물 에너지 관련 전문인력 1인 이상을 참여시켜 의견을 들어야 한다.
  4. 건축물을 증축하거나 용도변경, 건축물대장의 기재내용을 변경하는 경우에는 적용하지 아니할 수 있다. 다만, 별동으로 건축물을 증축하는 경우와 기존 건축물 연면적의 100분의 50 이상을 증축하면서 해당 증축 연면적이 2,000제곱미터 이상인 경우에는 그러하지 아니한다.
  5. 허가 또는 신고대상의 같은 대지 내 주거 또는 비주거를 구분한 제3조 제2항 및 3항에 따른 연면적의 합계가 500제곱미터 이상이고 2,000제곱미터 미만인 건축물 중 개별 동의 연면적이 500제곱미터 미만인 경우
  6. 열손실의 변동이 없는 증축, 용도변경 및 건축물대장의 기재내용을 변경하는 경우에는 별지 제1호 서식 에너지절약 설계 검토서를 제출하지 아니할 수 있다. 다만, 종전에 제2조 제3항에 따른 열손실방지 등의 조치 예외대상이었으나 조치대상으로 용도변경 또는 건축물대장 기재 내용의 변경의 경우에는 그러하지 아니한다.
  7. 「건축법」 제16조에 따라 허가와 신고사항을 변경하는 경우에는 변경하는 부분에 대해서만 규칙 제7조에 따른 에너지절약계획서 및 별지 제1호 서식에 따른 에너지절약 설계 검토서를 제출할 수 있다.

---

① 건설 기준 자체가 에너지절약형 주택으로 승인을 받은 건축물
② 연면적 5,000제곱미터인 기존 건물의 용도변경을 위해 절반에 해당하는 면적을 증축하는 건축물
③ 건축물 에너지 관련 전문 인력이 포함된 지방건축위원회의가 인정하는 건축물
④ 개별 동의 연면적이 400제곱미터이며, 연면적이 1,800제곱미터인 건축물

✔ 해설 ② 연면적 5,000제곱미터의 절반이면 100분의 50인 2,500제곱미터를 증축하는 것이며 이것은 2,000제곱미터 이상이 되므로 적용예외 규정에 해당되지 않는다고 명시하고 있다.
④ 연면적의 합계가 500제곱미터 이상이고 2,000제곱미터 미만인 단독 건축물의 개별 동 연면적이 500제곱미터 미만인 경우에 해당하므로 적용예외 대상이 된다.

|7~8| 다음은 D시의 지하철 운임체계표이다. 이를 보고 이어지는 물음에 답하시오.

<승차권 제도>

승차권 종류			고객운임(원)	비고
RF카드	선불형	일반	1,250	19세 이상 65세 미만
		청소년	850	13세 이상 18세 이하
		어린이	400	6세 이상 12세 이하
	후불형	일반	1,250	K/B/N/S/L/H/C카드
보통권 (토큰형)	일반		1,400	일반/청소년
	할인		500	어린이
우대교통카드/우대권			무임	전액감면
단체권	어른		인원+기준운임의 90%	10% 할인
	청소년		인원+기준운임의 90%	
	어린이/유아		인원+기준운임의 90%	
정산권	무표	신고	1회권 상당운임	분실 등으로 신고 시
		미신고	기준운임+그 운임의 30배	
	시간초과		소지한 승차권 상당 정산운임	개표 후 집표 시까지 2시간 초과 시

※ 기준운임은 교통카드 고객운임임

※ 주 : 다자녀가정 구성원은 할인보통권(어린이) 운임을 적용합니다. 단, 다자녀가정 구성원이 할인보통권을 사용하기 위해서는 다자녀가정 구성원임이 확인 가능한 'D시 복지형 카드'를 발급받은 본인에 한하며, 카드 미소지자는 할인보통권을 사용할 수 없음을 유의하시기 바랍니다.

※ 단체권은 단체 인원이 20명 이상일 때 적용

※ 초등학교 입학 전이더라도 만 6세 이상 아동은 어린이 요금입니다.

※ 중학교 재학 중이더라도 만 12세 이하 아동은 어린이 요금입니다.

ANSWER 6.②

7 다음 중 외지에서 처음 D시를 방문한 길동이가 지하철 운임체계를 보고 판단한 내용으로 올바르지 않은 것은?

① "아이가 많은 가정은 반드시 'D시 복지형 카드'를 발급받아 두어야 할인혜택이 적용되는군."

② "친구들과 가족 동반으로 단체권을 발급 받고 싶은데 모두 16명이니 안 되겠구나."

③ "단체권은 나이 구분 없이 요금이 모두 똑같네."

④ "RF카드가 아니고 보통권으로 요금을 내면 청소년 요금이 가장 많이 올라가는군."

> ✔해설 ③ 단체권은 나이 구분 없이 적용되는 할인 비율이 같은 것이며, 그에 따른 운임 자체가 같지는 않다.
> ② 단체 인원은 20명부터이다.
> ④ 일반은 1,250원에서 1,400원으로 150원이, 청소년은 850원에서 1,400원으로 550원이, 어린이는 400원에서 500원으로 100원이 각각 올라가므로 청소년의 요금이 가장 많이 올라간다.

8 위와 같은 운임체계를 기준으로 할 때, 다음 중 일행의 총 운임이 가장 적은 경우는?

① 보통권으로 지불한 어린이 3명을 데리고 승차한 우대권 소지자 1명 일행

② 단체권을 발급받은 일행에 속한 청소년 3명

③ 보통권으로 승차한 청소년 2명과 어른 1명

④ RF카드 소지 어린이 2명과 보통권으로 승차한 친구 1명 일행

> ✔해설 각 일행의 운임을 계산하면 다음과 같다.
> ① 보통권으로 지불한 어린이 3명을 데리고 승차한 우대권 소지자 1명 일행
> → $500 + 500 + 500 + 0 = 1,500$원
> ② 단체권을 발급받은 일행에 속한 청소년 3명
> → $(850 + 850 + 850) \times 0.9 = 2,295$원
> ③ 보통권으로 승차한 청소년 2명과 어른 1명
> → $1,400 \times 3 = 4,200$원
> ④ RF카드 소지 어린이 2명과 보통권으로 지불한 친구 1명 일행
> → $400 + 400 + 500 = 1,300$원

▌9~10▐ 인접해 있는 A~D 네 개 마을은 모두 낙후된 지역이며 행정구역상 수도요금이 다음과 같이 모두 다르다. 각 마을은 용수 부족 현상이 발생한 어느 시점에 아래 표와 같이 상호 물을 공급해 주었다. 다음 자료를 보고 이어지는 물음에 답하시오.

(단위 : m³)

공급＼수요	A마을	B마을	C마을	D마을
A마을	–	15	18	12
B마을	17	–	10	10
C마을	14	12	–	14
D마을	13	18	10	–
	A마을	B마을	C마을	D마을
수도요금	650원/m³	660원/m³	670원/m³	660원/m³

9 C마을이 각 마을로 공급해 준 물의 금액과 C마을이 각 마을에서 공급받은 물의 금액의 차이는? (단, 물의 금액은 공급지의 요금을 기준으로 한다.)

① 1,750원

② 1,900원

③ 1,950원

④ 2,000원

✔해설 ② C마을이 공급해 준 물의 금액은 다음과 같다.
$14 + 12 + 14 = 40 \text{m}^3 \rightarrow 40 \times 670 = 26,800$원
C마을로 공급된 물의 금액은 다음과 같다.
$18 \times 650 + 10 \times 660 + 10 \times 660 = 24,900$원
따라서 두 금액의 차이는 1,900원이 된다.

10 A마을과 D마을은 상호 연결된 수도관이 노후되어 공급한 물의 양방향 누수율이 5%이다. 이 경우, 각 마을에서 공급한 물의 공급지 기준 금액이 큰 순서대로 올바르게 나열한 것은? (단, 물의 공급 금액은 누수율을 감안한 실 공급량을 기준으로 산정한다.)

① A마을 − C마을 − D마을 − B마을

② C마을 − A마을 − D마을 − B마을

③ A마을 − C마을 − B마을 − D마을

④ A마을 − D마을 − C마을 − B마을

✔해설 ① 누수율이 zero일 경우의 각 마을의 물 공급현황을 정리하면 다음과 같다.

A마을 : $15 + 18 + 12 = 45 \text{m}^3 \rightarrow 45 \times 650 = 29,250$원

B마을 : $17 + 10 + 10 = 37 \text{m}^3 \rightarrow 37 \times 660 = 24,420$원

C마을 : $14 + 12 + 14 = 40 \text{m}^3 \rightarrow 40 \times 670 = 26,800$원

D마을 : $13 + 18 + 10 = 41 \text{m}^3 \rightarrow 41 \times 660 = 27,060$원

A마을과 D마을의 상호 누수율이 5%이므로 이를 감안하여 정리하면 다음과 같다.

A마을 : $15 + 18 + 11.4 = 44.4 \text{m}^3 \rightarrow 44.4 \times 650 = 28,860$원

B마을 : $17 + 10 + 10 = 37 \text{m}^3 \rightarrow 37 \times 660 = 24,420$원

C마을 : $14 + 12 + 14 = 40 \text{m}^3 \rightarrow 40 \times 670 = 26,800$원

D마을 : $12.35 + 18 + 10 = 40.35 \text{m}^3 \rightarrow 40.35 \times 660 = 26,631$원

따라서 누수율을 감안한 공급지 기준 공급 금액은 A마을 − C마을 − D마을 − B마을 순으로 크다.

11 다음은 어느 레스토랑의 3C분석 결과이다. 이 결과를 토대로 하여 향후 해결해야 할 전략과제를 선택하고자 할 때 적절하지 않은 것은?

3C	상황 분석
고객 / 시장(Customer)	• 식생활의 서구화 • 유명브랜드와 기술제휴 지향 • 신세대 및 뉴패밀리 층의 출현 • 포장기술의 발달
경쟁 회사(Competitor)	• 자유로운 분위기와 저렴한 가격 • 전문 패밀리 레스토랑으로 차별화 • 많은 점포수 • 외국인 고용으로 인한 외국인 손님 배려
자사(Company)	• 높은 가격대 • 안정적 자금 공급 • 업계 최고의 시장점유율 • 고객증가에 따른 즉각적 응대의 한계

① 원가 절감을 통한 가격 조정
② 유명브랜드와의 장기적인 기술제휴
③ 즉각적인 응대를 위한 인력 증대
④ 안정적인 자금 확보를 위한 자본구조 개선

✔해설 ④ '안정적 자금 공급'이 자사의 강점이기 때문에 '안정적인 자금 확보를 위한 자본구조 개선'은 향후 해결해야 할 과제에 속하지 않는다.

12 M회사 구내식당에서 근무하고 있는 N 씨는 식단을 편성하는 업무를 맡고 있다. 식단편성을 위한 조건이 다음과 같을 때 월요일에 편성되는 식단은?

〈조건〉
- 다음 5개의 메뉴를 월요일~금요일 5일에 각각 하나씩 편성해야 한다.
- 돈가스 정식, 나물 비빔밥, 크림 파스타, 오므라이스, 제육덮밥
- 월요일에는 돈가스 정식을 편성할 수 없다.
- 목요일에는 오므라이스를 편성할 수 없다.
- 제육덮밥은 금요일에 편성해야 한다.
- 나물 비빔밥은 제육덮밥과 연달아 편성할 수 없다.
- 돈가스 정식은 오므라이스보다 먼저 편성해야 한다.

① 나물 비빔밥
② 크림 파스타
③ 오므라이스
④ 제육덮밥

✔ **해설** ① 금요일에는 제육덮밥이 편성된다. 목요일에는 오므라이스를 편성할 수 없고, 다섯 번째 조건에 의해 나물 비빔밥도 편성할 수 없다. 따라서 목요일에는 돈가스 정식 또는 크림 파스타가 편성되어야 한다. 마지막 조건과 두 번째 조건에 의해 돈가스 정식은 월요일, 목요일에도 편성할 수 없으므로 돈가스 정식은 화요일에 편성된다. 따라서 목요일에는 크림 파스타, 월요일에는 나물 비빔밥이 편성된다.

13

사실

• 굼벵이는 거북이보다 달리기가 빠르다.
• 거북이는 굼벵이와 두더지보다 수영을 잘한다.
• 거북이는 두더지보다 달리기가 느리다.

결론

• A : 달리기가 가장 느린 것은 거북이이다.
• B : 수영을 가장 못하는 것은 굼벵이이다.

① A만 옳다.   ② B만 옳다.
③ A와 B 모두 옳다.   ④ A와 B 모두 옳지 않다.

✔해설 ① 주어진 사실에 의하면 달리기는 거북이가 가장 느리고, 수영은 거북이가 가장 잘한다.

14

사실

• 서류가방이 검정색, 파란색, 흰색 세 개가 있다.
• 파란색 서류가방에는 손잡이가 있고, 검정색에는 주머니가 있다.
• 손잡이가 있는 가방에는 주머니가 있을 수 없다.

결론

• A : 파란색 서류가방에는 주머니가 없다.
• B : 흰색 서류가방에는 주머니가 있다.

① A만 옳다.   ② B만 옳다.
③ A와 B 모두 옳다.   ④ A와 B 모두 옳지 않다.

✔해설 ① 파란색은 손잡이가 있고, 손잡이가 있는 가방에는 주머니가 있을 수 없으므로 파란색 서류가방에는 주머니가 없다. 흰색 서류가방에 대한 정보는 알 수 없다.

15

사실
- 민식이는 피자, 치킨, 샐러드, 스프, 아이스크림을 먹었다.
- 치킨을 먹기 직전에 스프를 먹었다.
- 샐러드보다 피자를 먼저 먹었다.
- 아이스크림을 먹기 전에 장기자랑을 했다.
- 피자를 포함한 음식 세 개는 장기자랑을 한 후에 먹었다.

결론
- A : 민식이가 제일 먼저 먹은 음식은 스프이다.
- B : 샐러드는 장기자랑을 한 뒤에 두 번째로 먹은 음식이다.

① A만 옳다.

② B만 옳다.

③ A와 B 모두 옳다.

④ A와 B 모두 옳지 않다.

✔ 해설 ① 주어진 조건으로 민식이가 먹은 음식의 순서를 배열하면 '스프 – 치킨 – (장기자랑) – 피자, 샐러드, 아이스크림'이고, 장기자랑 이후에 먹은 음식의 순서는 샐러드보다 피자를 먼저 먹었다는 것 외에는 알 수 없으므로 A만 옳다.

16 다음 글을 읽고 나타난 문제인식으로 옳은 것은?

> 우리가 현재 가지고 있는 믿음들은 추가로 획득된 정보에 의해서 수정된다. 뺑소니사고의 용의자로 갑, 을, 병이 지목되었고 이 중 단 한 명만 범인이라고 하자. 수사관 K는 운전 습관, 범죄 이력 등을 근거로 각 용의자가 범인일 확률을 추측하여, '갑이 범인'이라는 것을 0.3, '을이 범인'이라는 것을 0.45, '병이 범인'이라는 것을 0.25만큼 믿게 되었다고 하자. 얼마 후 병의 알리바이가 확보되어 병은 용의자에서 제외되었다.

① 준호 : 수사관 K의 믿음의 정도는 수정될 수도 있겠구나.
② 민지 : '갑이 범인일 가능성이 제일 높다.
③ 성희 : '병'의 알리바이가 확보된 것도 문제가 있다.
④ 정수 : 다른 것들에 휘둘리지 않고 믿음을 굳게 하는 것이 옳다.

✔해설 ① 믿음은 추가로 획득된 정보에 의해 수정될 여지가 다분하다.

17 어느 회사에서 사원들을 장기 출장 보내려고 한다. 후보자 5명(갑, 을, 병, 정, 무)을 불러 심사해보니 다음과 같다. 이에 대한 설명으로 옳은 것은?

> • 갑, 을, 병, 정, 무 다섯 사람이 다 출장가는 것은 아니다.
> • 갑과 을은 함께 출장을 가거나 함께 가지 않는다.
> • 을이 출장 간다면 병이 출장 가거나 갑이 출장가지 않는다.
> • 갑이 출장가지 않는다면 정도 출장가지 않는다.
> • 정이 출장가지 않는다면 갑이 출장을 가고 병은 출장가지 않는다.
> • 갑이 출장가지 않는다면 무도 출장가지 않는다.
> • 무가 출장간다면 병은 출장가지 않는다.

① 갑, 을 2명만 출장을 간다.
② 갑, 을, 병 3명만 출장을 간다.
③ 갑, 을, 병, 정 4명만 출장을 간다.
④ 5명 모두 출장을 간다.

✔해설 ㉠ 갑, 을이 함께 출장가지 않는 경우 : 갑이 출장가지 않으므로 정도 출장가지 않는다(4번째 조건). 정이 출장가지 않는다면 갑이 출장을 간다고 했으므로 모순이 된다(5번째 조건).
㉡ 갑, 을이 함께 출장 가는 경우 : 을이 출장을 가므로 병도 출장을 간다(3번째 조건). 병이 출장을 가므로 무는 출장가지 않는다(7번째 조건의 대우). 병이 출장을 가므로 정도 출장을 간다(5번째 조건).

18 어느 아파트에 무단투기가 계속 발생하자, 아파트 부녀회장은 무단투기 하는 사람이 누구인지 조사하기 시작했다. A, B, C, D, E 5명 가운데 범인이 있으며, 이 5명의 진술은 다음과 같다. 이 중 3명의 진술은 모두 참이고 나머지 2명의 진술은 모두 거짓이라고 할 때 다음 중 거짓을 말하고 있는 사람의 조합으로 옳은 것은?

> A : 쓰레기를 무단투기하는 것을 본 사람은 나와 E 뿐이다. B의 말은 모두 참이다.
> B : D가 쓰레기를 무단 투기하였다. 그것을 E가 보았다.
> C : 쓰레기를 무단투기한 사람은 D가 아니다. E의 말은 참이다.
> D : 쓰레기 무단투기하는 것을 세명이 보았다. B는 무단투기하지 않았다.
> E : 나와 A는 범인이 아니다. 나는 범인을 아무도 보지 못했다.

① A, B   ② B, C

③ C, E   ④ D, E

> ✔해설   ① B와 C의 말은 모순이기 때문에 둘 중에 하나는 거짓이다. B가 참이라고 할 경우, A의 진술은 참이지만, C, D, E의 진술은 거짓이 되므로 조건에 부합하지 않는다. 따라서 B의 말은 거짓이며, A도 거짓이다. C, D, E의 진술이 참이며 이를 바탕으로 추리해 보면 쓰레기를 무단투기한 사람은 C이다.

19 어느 회사에서 영업부, 편집부, 홍보부, 전산부, 영상부, 사무부에 대한 직무조사 순서를 정할 때 다음과 같은 조건을 충족시켜야 한다면 순서로 가능한 것은?

> • 편집부에 대한 조사는 전산부 또는 영상부 중 어느 한 부서에 대한 조사보다 먼저 시작되어야 한다.
> • 사무부에 대한 조사는 홍보부나 전산부에 대한 조사보다 늦게 시작될 수는 있으나, 영상부에 대한 조사보다 나중에 시작될 수 없다.
> • 영업부에 대한 조사는 아무리 늦어도 홍보부 또는 전산부 중 적어도 어느 한 부서에 대한 조사보다는 먼저 시작되어야 한다.

① 홍보부 – 편집부 – 사무부 – 영상부 – 전산부 – 영업부

② 영상부 – 홍보부 – 편집부 – 영업부 – 사무부 – 전산부

③ 전산부 – 영업부 – 편집부 – 영상부 – 사무부 – 홍보부

④ 편집부 – 홍보부 – 영업부 – 사무부 – 영상부 – 전산부

> ✔해설   ②③은 사무부가 영상부에 대한 조사보다 나중에 시작될 수 없다는 조건과 모순된다. ①은 영업부에 대한 조사가 홍보부 또는 전산부 중 적어도 어느 한 부서에 대한 조사보다는 먼저 시작되어야 한다는 조건에 모순된다. 따라서 가능한 답은 ④이다.

┃20∼21┃ 다음은 금융 관련 긴급상황 발생시 행동요령에 대한 내용이다. 이를 읽고 물음에 답하시오.

금융 관련 긴급상황 발생 행동요령

1. **신용카드 및 체크카드를 분실한 경우**

   카드를 분실했을 경우 카드회사 고객센터에 분실신고를 하여야 한다.

   분실신고 접수일로부터 60일 전과 신고 이후에 발생한 부정 사용액에 대해서는 납부의무가 없다. 카드에 서명을 하지 않은 경우, 비밀번호를 남에게 알려준 경우, 카드를 남에게 빌려준 경우 등 카드 주인의 특별한 잘못이 있는 경우에는 보상을 하지 않는다.

   비밀번호가 필요한 거래(현금인출, 카드론, 전자상거래)의 경우 분실신고 전 발생한 제2자의 부정사용액에 대해서는 카드사가 책임을 지지 않는다. 그러나 저항할 수 없는 폭력이나 생명의 위협으로 비밀번호를 누설한 경우 등 카드회원의 과실이 없는 경우는 제외한다.

2. **다른 사람의 계좌에 잘못 송금한 경우**

   본인의 거래은행에 잘못 송금한 사실을 먼저 알린다. 전화로 잘못 송금한 사실을 말하고 거래은행 영업점을 방문해 착오입금반환의뢰서를 작성하면 된다.

   수취인과 연락이 되지 않거나 돈을 되돌려 주길 거부하는 경우에는 부당이득반환소송 등 법적 조치를 취하면 된다.

3. **대출사기를 당한 경우**

   대출사기를 당했거나 대출수수료를 요구할 땐 경찰서, 금융감독원에 전화로 신고를 하여야 한다. 아니면 금감원 홈페이지 참여마당 → 금융범죄/비리/기타신고 → 불법 사금융 개인정보 불법유통 및 불법 대출 중개수수료 피해신고 코너를 통해 신고하면 된다.

4. **신분증을 잃어버린 경우**

   가까운 은행 영업점을 방문하여 개인정보 노출자 사고 예방 시스템에 등록을 한다. 신청인의 개인정보를 금융회사에 전파하여 신청인의 명의로 금융거래를 하면 금융회사가 본인확인을 거쳐 2차 피해를 예방한다.

---

20 매사 모든 일에 철두철미하기로 유명한 당신이 보이스피싱에 걸려 대출사기를 당했다고 느껴질 경우 당신이 취할 수 있는 가장 적절한 행동은?

① 가까운 은행을 방문하여 개인정보 노출자 사고 예방 시스템에 등록을 한다.

② 해당 거래 은행에 송금 사실을 전화로 알린다.

③ 경찰서나 금융감독원에 전화로 신고를 한다.

④ 법원에 부당이득반환소송을 청구한다.

　　✔해설　③ 대출사기를 당했거나 대출수수료를 요구할 땐 경찰서, 금융감독원에 전화로 신고를 하여야 한다.

21 만약 당신이 신용카드를 분실했을 경우 가장 먼저 취해야 할 행동으로 적절한 것은?

① 경찰서에 전화로 분실신고를 한다.

② 해당 카드회사에 전화로 분실신고를 한다.

③ 금융감독원에 분실신고를 한다.

④ 카드사에 전화를 걸어 카드를 해지한다.

　　✔해설　② 신용카드 및 체크카드를 분실한 경우 카드회사 고객센터에 분실신고를 하여야 한다.

22 다음 글을 읽고 내릴 수 있는 평가로 적절한 것은?

> 평범한 사람들은 어떤 행위가 의도적이었는지의 여부를 어떻게 판단할까? 다음 사례를 생각해보자.
> 사례 1 : "새로운 사업을 시작하면 수익을 창출할 것이지만, 환경에 해를 끼치게 될 것입니다"라는 보고를 받은 어느 회사의 사장은 다음과 같이 대답했다. "환경에 해로운지 따위는 전혀 신경 쓰지 않습니다. 가능한 한 많은 수익을 내기를 원할 뿐입니다. 그 사업을 시작합시다." 결국 회사는 새로운 사업을 시작했고, 환경에 해를 입혔다.
> 사례 2 : "새로운 사업을 시작하면 수익을 창출할 것이고, 환경에 도움이 될 것입니다"라는 보고를 받은 어느 회사의 사장은 다음과 같이 대답했다. "환경에 도움이 되는지 따위는 전혀 신경 쓰지 않습니다. 가능한 한 많은 수익을 내기를 원할 뿐입니다. 그 사업을 시작합시다." 회사는 새로운 사업을 시작 했고, 환경에 도움이 되었다.
> 위 사례들에서 사장이 가능한 한 많은 수익을 내는 것을 의도했다는 것은 분명하다. 그렇다면 사례 1의 사장은 의도적으로 환경에 해를 입혔는가? 사례 2의 사장은 의도적으로 환경에 도움을 주었는가? 일반인을 대상으로 한 설문 조사 결과, 사례 1의 경우 '의도적으로 환경에 해를 입혔다'고 답한 사람은 82%에 이르렀지만, 사례 2의 경우 '의도적으로 환경에 도움을 주었다'고 답한 사람은 23%에 불과했다. 따라서 특정 행위 결과를 행위자가 의도했는가에 대한 사람들의 판단은 그 행위 결과의 도덕성 여부에 대한 판단에 의존한다고 결론 내릴 수 있다.

① 위 설문조사는 수익성이 도덕성보다 더 큰 가치를 지닌다는 것을 보여주고 있다.

② 위 설문조사에 응한 사람들의 대부분이 환경에 대한 영향과 도덕성은 무관하다고 생각한다는 사실은 위 논증을 약화한다.

③ 위 설문조사 결과는, 부도덕한 의도를 가지고 부도덕한 결과를 낳는 행위를 한 행위자가 그런 의도 없이 같은 결과를 낳는 행위를 한 행위자보다 그 행위 결과에 대해 더 큰 도덕적 책임을 갖는다는 것을 지지한다.

④ 두 행위자가 동일한 부도덕한 결과를 의도했음이 분명한 경우, 그러한 결과를 달성하지 못한 행위자는 도덕적 책임을 갖지 않지만 그러한 결과를 달성한 행위자는 도덕적 책임을 갖는다고 판단하는 사람이 많다는 사실은 위 논증을 강화한다.

> **✔해설** ② 위 설문조사로 보아 특정 행위 결과를 행위자가 의도했는가에 대한 사람들의 판단은 그 행위 결과의 도덕성 여부에 대한 판단에 의존한다고 결론 내릴 수 있다.

23~24 지현 씨는 A기업의 기획업무부 신입사원으로 입사했다. 전화를 쓸 일이 많아 선임 기찬 씨에게 다음과 같은 부서 연락망을 받았다. 연락망을 보고 물음에 답하시오.

기획팀(대표번호 : 1220)		지원팀(대표번호 : 2220)		영업팀(대표번호 : 3220)	
고길동 팀장	1200	전지효 팀장	2200	한기웅 팀장	3200
최유식 대리	1210	김효미	2222	허수연 대리	3210
이나리	1222	이탄	2221	최한수	3220
이기찬	1221	박효숙	2220		
김지현	1220				

〈전화기 사용법〉

- 당겨받기 : 수화기 들고 #버튼 두 번
- 사내통화 : 내선번호
- 외부통화 : 수화기 들고 9버튼+외부번호
- 돌려주기 : 플래시버튼+내선번호+연결 확인 후 끊기
- 외부 전화 받았을 때 : "감사합니다. 고객에게 사랑받는 A기업, ○○팀 ○○○입니다. 무엇을 도와드릴까요."
- 내부 전화 받았을 때 : "네, ○○팀 ○○○입니다."

23 부서 연락망을 보던 중 지현 씨는 다음과 같은 규칙을 찾았다. 옳지 않은 것은?

① 첫째 자리 번호 : 팀 코드

② 둘째 자리 번호 : 부서 코드

③ 셋째 자리 번호 : 회사 코드

④ 넷째 자리 번호 : 사원 구분 코드

✅ **해설** ③ 같은 직급끼리 같은 것으로 보아 셋째 자리 번호는 직급 코드로 볼 수 있다.

24 지현 씨는 기찬 씨에게 걸려온 외부 전화가 자리를 비운 최유식 대리님에게 걸려온 전화가 울리는 것으로 착각하고 전화를 당겨 받았다. 다음 중 지현 씨가 해야 할 것으로 가장 적절한 것은?

① #버튼을 두 번 누른 후 기찬 씨의 내선번호를 눌러 연결한다.

② 수화기를 든 채로 기찬 씨의 내선번호를 눌러 연결한다.

③ 플래시 버튼을 누른 후 기찬 씨의 내선번호를 눌러 연결한다.

④ 9버튼을 누른 후 기찬 씨의 내선번호를 눌러 연결한다.

✔해설 ③ 전화를 돌리기 위해서는 플래시 버튼을 누른 후에 내선번호를 눌러야 한다.

25 수혁, 준이, 영주, 민지, 해수, 나영, 영희의 시험 성적에 대한 다음의 조건으로부터 추론할 수 있는 것은?

> ㉠ 수혁이는 준이보다 높은 점수를 받았다.
> ㉡ 준이는 영주보다 높은 점수를 받았다.
> ㉢ 영주는 민지보다 높은 점수를 받았다.
> ㉣ 해수는 준이와 나영이 보다 높은 점수를 받았다.
> ㉤ 영희는 해수 보다 높은 점수를 받았다.
> ㉥ 준이는 나영이 보다 높은 점수를 받았다.

① 영주가 나영이 보다 높은 점수를 받았다.

② 영희가 1등을 하였다.

③ 나영이 꼴등을 하였다.

④ 준이는 4등 안에 들었다.

✔해설 ㉠㉡㉢에 의해 수혁 > 준이 > 영주 > 민지 임을 알 수 있다.
㉣㉤㉥에 의해 영희 > 해수 > 준이 > 나영 임을 알 수 있다.
④ 준이보다 성적이 높은 사람은 수혁, 영희, 해수이므로 준이는 4등 안에 들었다고 볼 수 있다.

26 용의자 A, B, C, D 4명이 있다. 이들 중 A, B, C는 조사를 받는 중이며 D는 아직 추적 중이다. 4명 중에서 한 명만이 진정한 범인이며, A, B, C의 진술 중 한명의 진술만이 참일 때 범인은 누구인가?

> • A : B가 범인이다.
> • B : 내가 범인이다.
> • C : D가 범인이다.

① A   ② B
③ C   ④ D

✔해설 ④ 만약 B가 범인이라면 A와 B의 진술은 참이어야 한다. 하지만 문제에서 한명의 진술만이 참이라고 했으므로 A, B는 거짓을 말하고 있고 C의 진술이 참이다. 따라서 범인은 D이다.

27 다음으로부터 바르게 추론한 것은?

> 이번 학기에 행정학과 강의인 〈재무행정론〉, 〈인사행정론〉, 〈조직행정론〉, 〈행정통계〉 4과목을 A, B, C, D, E 중 4명에게 각 한 강좌씩 맡기려 한다. A~E는 다음과 같이 예측했는데 한 사람만이 거짓임이 밝혀졌다.
> A : B가 재무행정론을 담당하고 C는 강좌를 맡지 않을 것이다.
> B : C가 인사행정론을 담당하고 D의 말은 참일 것이다.
> C : D는 행정통계론이 아닌 다른 강좌를 담당할 것이다.
> D : E가 행정통계론을 담당할 것이다.
> E : B의 말은 거짓일 것이다.

① A는 재무행정론을 담당한다.
② B는 조직행정론을 담당한다.
③ C는 강좌를 맡지 않는다.
④ D는 행정통계론을 담당한다.

✔해설 ③ A~E 중 한 사람만이 거짓인데 A와 B의 말은 모순된다. 따라서 둘 중의 한명은 거짓이다. B의 말이 참이고, A가 거짓이라면 E의 진술도 거짓이 되므로 A의 말이 참이고 B의 말이 거짓이다. 따라서 ③이 답이 된다.

28 SWOT 분석에 따라 발전전략을 수립할 때 외부 환경의 위협을 최소화하기 위해 내부 강점을 극대화하는 전략은?

① SO전략

② WO전략

③ ST전략

④ WT전략

> ✔️해설 SWOT 분석에 의한 발전전략
> ㉠ SO전략 : 외부 환경의 기회를 활용하기 위해 강점을 사용하는 전략
> ㉡ ST전략 : 외부 환경의 위협을 회피하기 위해 강점을 사용하는 전략
> ㉢ WO전략 : 자신의 약점을 극복함으로써 외부 환경의 기회를 활용하는 전략
> ㉣ WT전략 : 외부 환경의 위협을 회피하고 자신의 약점을 최소화하는 전략

29 문제처리과정을 순서대로 바르게 나열한 것은?

① 문제 인식 → 문제 도출 → 원인 분석 → 실행 및 평가 → 해결안 개발

② 문제 인식 → 문제 도출 → 원인 분석 → 해결안 개발 → 실행 및 평가

③ 문제 인식 → 원인 분석 → 문제 도출 → 실행 및 평가 → 해결안 개발

④ 문제 인식 → 원인 분석 → 문제 도출 → 해결안 개발 → 실행 및 평가

> ✔️해설 문제처리과정
> 문제 인식 → 문제 도출 → 원인 분석 → 해결안 개발 → 실행 및 평가

30 창의적 문제와 분석적 문제에 대한 비교이다. 옳지 않은 것은?

	구분	창의적 문제	분석적 문제
①	문제제시 방법	문제 자체가 명확하지 않음	문제 자체가 명확함
②	해결 방법	많은 아이디어의 작성을 통해 해결	논리적 방법을 통해 해결
③	해답 수	해답의 수가 적음	해답의 수가 많음
④	주요 특징	주관적, 직관적, 개별적, 특수성	객관적, 논리적, 일반적, 공통성

> ✔️해설 ③ 창의적 문제는 해답의 수가 많으며 그 중 보다 나은 것을 선택한다. 반면 분석적 문제는 답의 수가 적으며 한정되어 있다.

자원관리능력

[자원관리능력] 출제유형

① 시간관리능력 : 업무를 수행하기 위해 필요한 시간을 확인하고, 그에 맞는 자원을 수집하여 업무에 적용하는 방법을 묻는 유형이다.
② 예산관리능력 : 업무 수행에 필요한 자본자원을 확인하고 최소비용으로 최대효과를 얻는 기업의 궁극적 목적을 달성할 수 있는 방법을 찾는 유형이다.
③ 물적자원관리능력 : 업무 수행을 위한 시설자원을 확인하고 주어진 상황에 적절히 활용하는 방식을 묻는 유형이다.
④ 인적자원관리능력 : 업무에 필요한 인적자원을 확보하고 제시된 상황에 어떻게 배치할 것인지를 묻는 유형이다.

[자원관리능력] 출제경향

자원관리능력은 업무를 수행할 때 시간과 예산, 물적 · 인적 자원이 얼마나 필요한지 파악하고, 확보한 뒤 실제 업무에 활용할 수 있는 능력이다. 대체로 업무를 수행할 때 소요되는 시간을 계산하거나 일정표, 기획안 등 여러 평가 항목을 제시하여 그에 맞는 시간 및 인력을 묻는 문제가 출제되는 편이다. 문제해결능력 챕터와 비슷하게 주어진 상황과 조건을 꼼꼼히 확인하는 것이 중요하다.

[자원관리능력] 유형별 출제빈도

출제유형	출제빈도								
시간관리능력									
예산관리능력									
물적자원관리능력									
인적자원관리능력									

예제 01 시간관리능력

당신은 A출판사 교육훈련 담당자이다. 조직의 효율성을 높이기 위해 전사적인 시간관리에 대한 교육을 실시하기로 하였지만 바쁜 일정 상 직원들을 집합교육에 동원할 수 있는 시간은 제한적이다. 다음 중 당신이 최우선의 교육 대상으로 삼아야 하는 것은 어느 부분인가?

구분	긴급한 일	긴급하지 않은 일
중요한 일	제1사분면	제2사분면
중요하지 않은 일	제3사분면	제4사분면

① 중요하고 긴급한 일로 위기사항이나 급박한 문제, 기간이 정해진 프로젝트 등이 해당되는 제1사분면
② 긴급하지는 않지만 중요한 일로 인간관계구축이나 새로운 기회의 발굴, 중장기 계획 등이 포함되는 제2사분면
③ 긴급하지만 중요하지 않은 일로 잠깐의 급한 질문, 일부 보고서, 눈 앞의 급박한 사항이 해당되는 제3사분면
④ 중요하지 않고 긴급하지 않은 일로 하찮은 일이나 시간낭비거리, 즐거운 활동 등이 포함되는 제4사분면

출제의도
주어진 일들을 중요도와 긴급도에 따른 시간관리 매트릭스에서 우선순위를 구분할 수 있는가를 측정하는 문항이다.

해설
교육훈련에서 최우선 교육대상으로 삼아야 하는 것은 긴급하지 않지만 중요한 일이다. 이를 긴급하지 않다고 해서 뒤로 미루다보면 급박하게 처리해야 하는 업무가 증가하여 효율적인 시간관리가 어려워진다.

》 ②

예제 02 예산관리능력

당신은 가을 체육대회에서 총무를 맡으라는 지시를 받았다. 다음과 같은 계획에 따라 예산을 진행하였으나 확보된 예산이 생각보다 적게 배정되어 불가피하게 비용항목을 줄여야 한다. 다음 중 당신이 비용 항목을 없애기에 가장 적절한 것은 무엇인가?

〈○○산업공단 춘계 1차 워크숍〉

1. 해당부서 : 인사관리팀, 영업팀, 재무팀
2. 일   정 : 2026년 2월 21일~23일(2박 3일)
3. 장   소 : 강원도 속초 ○○연수원
4. 행사내용 : 바다열차탑승, 체육대회, 친교의 밤 행사, 기타

① 숙박비
② 식비
③ 교통비
④ 기념품비

출제의도
업무에 소요되는 예산 중 꼭 필요한 것과 예산을 감축해야할 때 삭제 또는 감축이 가능한 것을 구분해내는 능력을 묻는 문항이다.

해설
한정된 예산을 가지고 과업을 수행할 때에는 중요도를 기준으로 예산을 사용한다. 위와 같이 불가피하게 비용 항목을 줄여야 한다면 기본적인 항목인 숙박비, 식비, 교통비는 유지되어야 하기에 항목을 없애기 가장 적절한 정답은 ④번이 된다.

》 ④

예제 03 시간관리능력

유아용품 홍보팀의 사원 은이 씨는 일산 OOO에서 열리는 유아용품박람회에 참여하고자 한다. 당일 회의 후 출발해야 하며 회의 종료 시간은 오후 3시이다.

장소	일시
일산 OOO 제2전시장	2026. 1. 24(금) PM 15:00~19:00 * 입장가능시간은 종료 2시간 전 까지

오시는 길

지하철 : 4호선 대화역(도보 30분 거리)
버스 : 8109번, 8407번(도보 5분 거리)

• 회사에서 버스정류장 및 지하철역까지 소요시간

출발지	도착지		소요시간
회사	×× 정류장	도보	15분
		택시	5분
	지하철역	도보	30분
		택시	10분

• 일산 OOO 가는 길

교통편	출발지	도착지	소요시간
지하철	강남역	대화역	1시간 25분
버스	×× 정류장	일산 OOO 정류장	1시간 45분

위의 제시 상황을 보고 은이 씨가 선택할 교통편으로 가장 적절한 것은?

① 도보 – 지하철
② 도보 – 버스
③ 택시 – 지하철
④ 택시 – 버스

출제의도
주어진 여러 시간정보를 수집하여 실제 업무 상황에서 시간자원을 어떻게 활용할 것인지 계획하고 할당하는 능력을 측정하는 문항이다.

해설
④ 택시로 버스정류장까지 이동해서 버스를 타고 가게 되면 택시(5분), 버스(1시간 45분), 도보(5분)으로 1시간 55분이 걸린다.
① 도보–지하철 : 도보(30분), 지하철(1시간 25분), 도보(30분)이므로 총 2시간 25분이 걸린다.
② 도보–버스 : 도보(15분), 버스(1시간 45분), 도보(5분)이므로 총 2시간 5분이 걸린다.
③ 택시–지하철 : 택시(10분), 지하철(1시간 25분), 도보(30분)이므로 총 2시간 5분이 걸린다.

» ④

예제 04 인적자원관리능력

최근 조직개편 및 연봉협상 과정에서 직원들의 불만이 높아지고 있다. 온갖 루머가 난무한 가운데 인사팀원인 당신은 사내 게시판의 직원 불만사항에 대한 진위여부를 파악하고 대안을 세우라는 팀장의 지시를 받았다. 다음 중 당신이 조치를 취해야 하는 직원은 누구인가?

① 사원 A는 팀장으로부터 업무 성과가 탁월하다는 평가를 받았는데도 조직개편으로 인한 부서 통합으로 인해 승진을 못한 것이 불만이다.
② 사원 B는 회사가 예년에 비해 높은 영업 이익을 얻었는데도 불구하고 연봉 인상에 인색한 것이 불만이다.
③ 사원 C는 회사가 급여 정책을 변경해서 고정급 비율을 낮추고 기본급과 인센티브를 지급하는 제도로 바꾼 것이 불만이다.
④ 사원 D는 입사 동기인 동료가 자신보다 업무 실적이 좋지 않고 불성실한 근무태도를 가지고 있는데, 팀장과의 친분으로 인해 자신보다 높은 평가를 받은 것이 불만이다.

출제의도
주어진 직원들의 정보를 통해 시급하게 진위여부를 가리고 조치하여 인력배치를 해야 하는 사항을 확인하는 문제이다.

해설
사원 A, B, C는 각각 조직 정책에 대한 불만이기에 논의를 통해 조직적으로 대처하는 것이 옳지만, 사원 D는 팀장의 독단적인 전횡에 대한 불만이기 때문에 조사하여 시급히 조치할 필요가 있다. 따라서 가장 적절한 답은 ④번이 된다.

» ④

S호텔의 외식사업부 소속인 K 씨는 예약일정 관리를 담당하고 있다. 아래의 예약일정과 정보를 보고 K 씨의 판단으로 옳지 않은 것은?

〈S호텔 일식 뷔페 1월 ROOM 예약 일정〉

* 예약 : ROOM 이름(시작시간)

SUN	MON	TUE	WED	THU	FRI	SAT
					1	2
					백합(16)	장미(11) 백합(15)
3	4	5	6	7	8	9
라일락(15)		백향목(10) 백합(15)	장미(10) 백향목(17)	백합(11) 라일락(18)	백향목(15)	장미(10) 라일락(15)

ROOM 구분	수용가능인원	최소투입인력	연회장 이용시간
백합	20	3	2시간
장미	30	5	3시간
라일락	25	4	2시간
백향목	40	8	3시간

- 오후 9시에 모든 업무를 종료함
- 한 타임 끝난 후 1시간씩 세팅 및 정리
- 동 시간 대 서빙 투입인력은 총 10명을 넘을 수 없음

안녕하세요. 1월 첫째 주 또는 둘째 주에 신년회 행사를 위해 ROOM을 예약하려고 하는데요. 저희 동호회의 총 인원은 27명이고 오후 8시쯤 마무리하려고 합니다. 신정과 주말, 월요일은 피하고 싶습니다. 예약이 가능할까요?

① 인원을 고려했을 때 장미ROOM과 백향목ROOM이 적합하겠군
② 만약 2명이 안 온다면 예약 가능한 ROOM이 늘어나겠구나
③ 조건을 고려했을 때 예약 가능한 ROOM은 5일 장미ROOM뿐이겠구나
④ 오후 5시부터 8시까지 가능한 ROOM을 찾아야 해

출제의도

주어진 정보와 일정표를 토대로 이용 가능한 물적자원을 확보하여 이를 정확하게 안내할 수 있는 능력을 측정하는 문항이다. 고객이 제공한 정보를 정확하게 파악하고 그 조건 안에서 가능한 자원을 제공할 수 있어야 한다.

해설

③ 조건을 고려했을 때 5일 장미ROOM과 7일 장미ROOM이 예약 가능하다.
① 참석 인원이 27명이므로 30명 수용 가능한 장미ROOM과 40명 수용 가능한 백향목ROOM 두 곳이 적합하다.
② 만약 2명이 안 온다면 총 참석인원 25명이므로 라일락ROOM, 장미ROOM, 백향목ROOM이 예약 가능하다.
④ 오후 8시에 마무리하려고 계획하고 있으므로 적절하다.

》 ③

┃1~2┃ 다음은 특정 시점 A국의 B국에 대한 주요 품목의 수출입 내역을 나타낸 것이다. 이를 보고 이어지는 물음에 답하시오.

(단위 : 천 달러)

수출		수입		합계	
품목	금액	품목	금액	품목	금액
섬유류	352,165	섬유류	475,894	섬유류	828,059
전자전기	241,677	전자전기	453,907	전자전기	695,584
잡제품	187,132	생활용품	110,620	생활용품	198,974
생활용품	88,354	기계류	82,626	잡제품	188,254
기계류	84,008	화학공업	38,873	기계류	166,634
화학공업	65,880	플라스틱/고무	26,957	화학공업	104,753
광산물	39,456	철강금속	9,966	플라스틱/고무	51,038
농림수산물	31,803	농림수산물	6,260	광산물	39,975
플라스틱/고무	24,081	잡제품	1,122	농림수산물	38,063
철강금속	21,818	광산물	519	철강금속	31,784

1 다음 중 위의 도표에서 알 수 있는 A국 ↔ B국간의 주요 품목 수출입 내용이 아닌 것은? (단, 언급되지 않은 품목은 고려하지 않는다.)

① A국은 B국과의 교역에서 수출보다 수입을 더 많이 한다.

② B국은 1차 산업의 생산 또는 수출 기반이 A국에 비해 열악하다고 볼 수 있다.

③ 양국의 상호 수출입액 차이가 가장 적은 품목은 기계류이다.

④ A국의 입장에서, 총 교역액에서 수출액이 차지하는 비중이 가장 큰 품목은 광산물이다.

✔해설 ④ 광산물의 경우 총 교역액에서 수출액이 차지하는 비중은 39,456÷39,975×100=약 98.7%이나, 잡제품의 경우 187,132÷188,254×100=약 99.4%의 비중을 보이고 있으므로 총 교역액에서 수출액이 차지하는 비중이 가장 큰 품목은 잡제품이다.

① A국의 총 수출액은 1,136,374천 달러이며, 총 수입액은 1,206,744천 달러이다.

② B국은 1차 산업인 농림수산물 품목에서 A국으로의 수출이 매우 적은 반면, A국으로부터 수입하는 양이 매우 크므로 타당한 판단이라고 볼 수 있다.

③ 기계류는 10개 품목 중 가장 적은 1,382천 달러의 수출입 액 차이를 보이고 있다.

2 A국에서 무역수지가 가장 큰 품목의 무역수지 액은 얼마인가? (단, 무역수지=수출액–수입액)

① 27,007천 달러

② 38,937천 달러

③ 186,010천 달러

④ 25,543천 달러

✔ 해설 ③ 무역수지가 가장 큰 품목은 잡제품으로 무역수지 금액은 $187,132 - 1,122 = 186,010$천 달러에 달하고 있다.

3 자원을 관리하는 기본 과정을 설명한 다음의 단락 (가) ~ (라)를 효율적인 자원관리를 위한 순서에 맞게 나열한 것은?

> (가) 확보된 자원을 활용하여 계획에 맞는 업무를 수행해 나가야 한다. 물론 계획에 얽매일 필요는 없지만 최대한 계획대로 수행하는 것이 바람직하다. 불가피하게 수정해야 하는 경우는 전체 계획에 미칠 수 있는 영향을 고려하여야 할 것이다.
>
> (나) 자원을 실제 필요한 업무에 할당하여 계획을 세워야 한다. 여기에서 중요한 것은 업무나 활동의 우선순위를 고려하는 것이다. 최종적인 목적을 이루는데 가장 핵심이 되는 것에 우선순위를 두고 계획을 세울 필요가 있다. 만약, 확보한 자원이 실제 활동 추진에 비해 부족할 경우 우선순위가 높은 것에 중심을 두고 계획하는 것이 바람직하다.
>
> (다) 실제 상황에서 그 자원을 확보하여야 한다. 실제 준비나 활동을 하는데 있어서 계획과 차이를 보이는 경우가 빈번하기 때문에 자원을 여유 있게 확보하는 것이 안전할 것이다.
>
> (라) 업무를 추진하는데 있어서 어떤 자원이 필요하며, 또 얼마만큼 필요한지를 파악하는 단계이다. 자원의 종류에는 크게 시간, 예산, 물적자원, 인적자원으로 나누어지지만 실제 업무 수행에서는 이보다 더 구체적으로 나눌 필요가 있다. 구체적으로 어떤 활동을 할것이며, 이 활동에 어느 정도의 시간, 돈, 물적·인적자원이 필요한지를 파악한다.

① (다) − (라) − (나) − (가)

② (라) − (다) − (가) − (나)

③ (가) − (다) − (나) − (라)

④ (라) − (다) − (나) − (가)

✔ 해설 ④ 자원을 적절하게 관리하기 위해서 거쳐야 하는 4단계의 자원관리 과정과 순서는 다음과 같다.

1. 어떤 자원이 얼마나 필요한지를 확인하기 → 2. 이용 가능한 자원을 수집(확보)하기 → 3. 자원 활용 계획 세우기 → 4. 계획에 따라 수행하기

따라서 각 단계를 설명하고 있는 내용은 (라) − (다) − (나) − (가)의 순이 된다.

ANSWER 1.④ 2.③ 3.④

4 다음은 L사의 ○○동 지점으로 배치된 신입사원 5명의 인적사항과 부서별 추가 인원 요청 사항이다. 인력관리의 원칙 중 하나인 적재적소의 원리에 의거하여 신입사원들을 배치할 경우에 대한 가장 적절한 설명은?

〈신입사원 인적사항〉

성명	성별	전공	자질/자격	기타
갑	남	스페인어	바리스타 자격 보유	남미 8년 거주
을	남	경영	모의경영대회 입상	폭넓은 대인관계
병	여	컴퓨터 공학	컴퓨터 활용능력 1급 자격증 보유	논리적·수학적 사고력 우수함
정	남	회계	–	미국 5년 거주, 세무사 사무실 아르바이트 경험
무	여	광고학	과학잡지사 우수편집인상 수상	강한 호기심, 융통성 있는 사고

〈부서별 인원 요청 사항〉

부서명	필요인원	필요자질
영업팀	2명	영어 능통자 1명, 외부인과의 접촉 등 대인관계 원만한 자 1명
인사팀	1명	인사 행정 등 논리 활용 프로그램 활용 가능자
홍보팀	2명	홍보 관련 업무 적합자, 외향적 성격 소유자 등 2명

	영업팀	인사팀	홍보팀
①	갑, 정	병	을, 무
②	을, 병	정	갑, 무
③	을, 정	병	갑, 무
④	병, 무	갑	을, 정

✔해설 ③ 영업팀은 영어 능통자와 대인관계가 원만한 자를 원하고 있으므로 미국에서 거주한 정과 폭넓은 대인관계를 가진 을이 배치되는 것이 가장 적절하다. 또한 인사팀은 인사 행정을 처리할 프로그램 업무를 원활히 수행할 수 있는 컴퓨터 활용 우수자인 병이 적절하다. 나머지 갑은 바리스타 자격을 보유하여 외향적인 성격을 소유하였다고 판단할 수 있으며, 무는 광고학을 전공하였고 융통성 있는 사고력도 소유한 직원으로 홍보팀에 알맞은 자질을 보유한 것으로 볼 수 있다.

5 다음은 H사의 품목별 4~5월 창고 재고현황을 나타낸 표이다. 다음 중 재고현황에 대한 올바른 설명이 아닌 것은?

(단위 : 장, 천 원)

Brand	재고	품목	SS			FW		
			수량	평균 단가	금액	수량	평균 단가	금액
Sky peak	4월 재고	Apparel	1,350	33	44,550	850	39.5	33,575
		Footwear	650	25	16,250	420	28	11,760
		Equipment	1,800	14.5	26,100	330	27.3	9,009
		소계	3,800		86,900	1,600		54,344
	5월 입고	Apparel	290	32	9,280	380	39.5	15,010
		Footwear	110	22	2,420	195	28	5,460
		Equipment	95	16.5	1,567.5	210	27.3	5,733
		소계	495		13,267.5	785		26,203
		Apparel	1,640	32.8	53,792	1,230	79	97,170
		Footwear	760	24.5	18,620	615	56	34,440
		Equipment	1,895	14.7	27,856.5	540	54.6	29,484
		총계	4,295		100,268.5	2,385		161,094

① 5월에는 모든 품목의 FW 수량이 SS 수량보다 더 많이 입고되었다.

② 6월 초 창고에는 SS 품목의 수량과 재고 금액이 FW보다 더 많다.

③ 품목별 평균 단가가 높은 순서는 SS와 FW가 동일하다.

④ 입고 수량의 많고 적음이 재고 수량의 많고 적음에 따라 결정된 것은 아니다.

✔해설 ② 6월 초에는 4월 재고분과 5월 입고분이 함께 창고에 있게 된다. 따라서 수량은 SS 품목이 4,295장으로 2,385장인 FW 품목보다 많지만, 재고 금액은 FW 품목이 더 큰 것을 알 수 있다.
① FW는 각각 380, 195, 210장이 입고되어 모두 SS 품목의 수량보다 많다.
③ SS와 FW 모두 Apparel, Footwear, Equipment의 순으로 평균 단가가 높다.
④ 재고와 입고 수량 간의 비례 또는 반비례 관계가 성립하지 않으므로 재고 수량이 많거나 적은 것이 입고 수량의 많고 적음에 의해 결정된 것이 아님을 알 수 있다.

ANSWER 4.③ 5.②

6 다음은 N사 판매관리비의 2분기 집행 내역과 3분기 배정 내역이다. 자료를 참고하여 판매관리비 집행과 배정 내역을 올바르게 파악하지 못한 것은?

〈판매관리비 집행 및 배정 내역〉

(단위 : 원)

항목	2분기	3분기
판매비와 관리비	236,820,000	226,370,000
직원급여	200,850,000	195,000,000
상여금	6,700,000	5,700,000
보험료	1,850,000	1,850,000
세금과 공과금	1,500,000	1,350,000
수도광열비	750,000	800,000
잡비	1,000,000	1,250,000
사무용품비	230,000	180,000
여비교통비	7,650,000	5,350,000
퇴직급여충당금	15,300,000	13,500,000
통신비	460,000	620,000
광고선전비	530,000	770,000

① 직접비와 간접비를 합산한 3분기의 예산 배정액은 전 분기보다 10% 이내로 감소하였다.

② 간접비는 전 분기의 5%에 조금 못 미치는 금액이 증가하였다.

③ 2분기와 3분기 모두 간접비에서 가장 큰 비중을 차지하는 항목은 보험료이다.

④ 3분기에는 직접비와 간접비가 모두 2분기 집행 내역보다 더 많이 배정되었다.

✔해설 ④ 직접비에는 인건비, 재료비, 원료와 장비비, 여행 및 잡비, 시설비 등이 포함되며, 간접비에는 보험료, 건물관리비, 광고비, 통신비, 사무비품비, 각종 공과금 등이 포함된다. 따라서 제시된 예산 집행 및 배정 현황을 직접비와 간접비를 구분하여 다음과 같이 나누어 볼 수 있다.

항목	2분기		3분기	
	직접비	간접비	직접비	간접비
직원급여	200,850,000		195,000,000	
상여금	6,700,000		5,700,000	
보험료		1,850,000		1,850,000
세금과 공과금		1,500,000		1,350,000
수도광열비		750,000		800,000
잡비	1,000,000		1,250,000	
사무용품비		230,000		180,000
여비교통비	7,650,000		5,350,000	
퇴직급여충당금	15,300,000		13,500,000	
통신비		460,000		620,000
광고선전비		530,000		770,000
합계	231,500,000	5,320,000	220,800,000	5,570,000

따라서 2분기보다 3분기에 직접비의 배정 금액은 더 감소하였으며, 간접비의 배정 금액은 더 증가하였음을 알 수 있다.

7 다음 글과 〈조건〉을 근거로 판단할 때, 중국으로 출장 가는 사람으로 짝지어진 것은?

C회사에서는 업무상 외국 출장이 잦은 편이다. 인사부 A 씨는 매달 출장 갈 직원들을 정하는 업무를 맡고 있다. 이번 달에는 총 4국가로 출장을 가야 하며 인원은 다음과 같다.

미국	영국	중국	일본
1명	4명	3명	4명

출장을 갈 직원은 이 과장, 김 과장, 신 과장, 류 과장, 임 과장, 장 과장, 최 과장이 있으며, 개인별 출장 가능한 국가는 다음과 같다.

국가 \ 직원	이 과장	김 과장	신 과장	류 과장	임 과장	장 과장	최 과장
미국	○	×	○	×	×	×	×
영국	○	×	○	○	○	×	×
중국	×	○	○	○	○	×	○
일본	×	×	○	×	○	○	○

※ ○ : 출장 가능, × : 출장 불가능

※ 어떤 출장도 일정이 겹치진 않는다.

〈조건〉

• 한 사람이 두 국가까지만 출장갈 수 있다.

• 모든 사람은 한 국가 이상 출장을 가야 한다.

① 김 과장, 최 과장, 류 과장
② 김 과장, 신 과장, 류 과장
③ 신 과장, 류 과장, 임 과장
④ 김 과장, 임 과장, 최 과장

 ① 모든 사람이 한 국가 이상 출장을 가야 한다고 했으므로 김 과장은 꼭 중국을 가야 하며, 장 과장은 꼭 일본을 가야 한다. 또한 영국으로 4명이 출장을 가야 되고, 출장 가능 직원도 4명이므로 이 과장, 신 과장, 류 과장, 임 과장이 영국을 가야한다. 4개 국가 출장에 필요한 직원은 12명인데 김 과장과 장 과장이 1개 국가 밖에 못가므로 나머지 5명이 2개 국가씩 출장가야 한다는 것에 주의한다.

	출장가는 직원
미국(1명)	이 과장
영국(4명)	류 과장, 이 과장, 신 과장, 임 과장
중국(3명)	김 과장, 최 과장, 류 과장
일본(4명)	장 과장, 최 과장, 신 과장, 임 과장

8 사무실 2개를 임대하여 사용하던 M 씨는 2개의 사무실을 모두 이전하고자 한다. 다음과 같은 조건을 참고할 때, M 씨가 주인과 주고받아야 할 금액에 대한 옳은 설명은? (단, 모든 계산은 소수점 이하 절삭하여 원 단위로 계산한다.)

큰 사무실 임대료 : 54만 원

작은 사무실 임대료 : 35만 원

오늘까지의 이번 달 사무실 사용일 : 10일

☞ 임대료는 부가세와 함께 입주 전 선불 계산한다.

☞ 임대료는 월 단위이며 항상 30일로 계산한다.

☞ 부가세 별도(공급가액 × 1.1)

☞ 보증금은 부가세 포함하지 않은 1개월 치 임대료이다.

---

① 주고받을 금액이 정확히 상계 처리된다.

② 사무실 주인으로부터 979,000원을 돌려받는다.

③ 사무실 주인에게 226,333원을 지불한다.

④ 사무실 주인으로부터 1,542,667원을 돌려받는다.

> ✔해설 ④ 이번 달 임대료는 이미 모두 지불하였을 것이므로 $(540,000 + 350,000) \times 1.1 = 979,000$원을 지불한 상태가 된다. 이 중, 사무실 사용일이 10일이므로 $979,000 \div 30 \times 10 = 326,333$원은 지불해야 하고 $979,000 - 326,333 = 652,667$원을 돌려받아야 한다. 또한 부가세를 포함하지 않은 1개월 치 임대료인 $540,000 + 350,000 = 890,000$원을 돌려받아야 한다. 따라서 총 $652,667 + 890,000 = 1,542,667$원을 사무실 주인으로부터 돌려받아야 한다.

9 다음은 산업안전보진법에 따른 안전관리자 선임 기준을 나타낸 자료이다. 다음 설명에 근거하여 상황별 안전관리자 선임 내용이 올바른 설명을 〈보기〉에서 모두 고른 것은? (단, 언급된 모든 공사는 상시 근로자 600명 미만의 건설업이라고 가정한다)

안전관리자(산업안전관리법 제17조)

가. 정의 : 사업장 내 산업안전에 관한 기술적인 사항에 대하여 사업주와 관리책임자를 보좌하고 관리감독자에게 지도·조언을 하는 자

나. 안전관리자 선임 대상 : 공사금액 120억 원(토목공사 150억 원) 이상인 건설현장

다. 안전관리자 자격 및 선임 방법

  1) 안전관리자의 자격(다음 중 어느 하나에 해당하는 자격 취득 자)

    ① 법 제143조 제1항의 규정에 의한 산업안전지도사

    ② 국가기술자격법에 의한 산업안전산업기사 이상의 자격 취득 자

    ③ 국가기술자격법에 의한 건설안전산업기사 이상의 자격 취득 자

    ④ 고등교육법에 의한 전문대학 이상의 학교에서 산업안전 관련 학위를 취득한 사람 또는 이와 같은 수준 이상의 학력을 가진 사람

    ⑤ 건설현장에서 안전보건관리책임자로 10년 이상 재직한 자 등

  2) 안전관리자 선임 방법

    ① 공사금액 120억 원(토목공사 150억 원) 이상 800억 원 미만 : 안전관리자 유자격자 1명 전담 선임

    ② 공사금액 800억 원 이상 : 2명(800억 원을 기준으로 700억 원이 증가할 때마다 1명씩 추가)

[총 공사금액 800억 원 이상일 경우 안전관리자 선임방법]

1. 전체 공사기간을 100으로 하여 공사 시작에서 15에 해당하는 기간
  → 건설안전기사, 건설안전산업기사, 건설업 안전관리자 경험자 중 건설업 안전관리자 경력이 3년 이상인 사람 1명 포함 선임

2. 전체 공사기간을 100으로 하여 공사 시작 15에서 공사 종료 전의 15까지에 해당하는 기간
  → 공사금액 800억 원을 기준으로 700억 원이 증가할 때마다 1명씩 추가

3. 전체 공사기간을 100으로 하여 공사 종료 전의 15에 해당하는 기간
  → 건설안전기사, 건설안전산업기사, 건설업 안전관리자 경험자 중 건설업 안전관리자 경력이 3년 이상인 사람 1명 포함 선임

※ 공사기간 5년 이상의 장기계속공사로서 공사금액이 800억 원 이상인 경우에도 상시 근로자 수가 600명 미만일 때 회계연도를 기준으로 그 회계연도의 공사금액이 전체 공사금액의 5퍼센트 미만인 기간에는 전체 공사금액에 따라 선임하여야 할 안전관리자 수에서 1명을 줄여 선임 가능(건설안전기사, 건설안전산업기사, 건설업 안전관리자 자격자 중 건설업 안전관리자 경력이 3년 이상인 사람 1명 포함)

※ 유해·위험방지계획서 제출대상으로서 선임하여야 할 안전관리자의 수가 3명 이상인 사업장의 경우 건설안전기술사(건설안전기사 또는 산업안전기사의 자격을 취득한 사람으로서 10년 이상 건설안전 업무를 수행한 사람이거나 건설안전산업기사 또는 산업안전산업기사의 자격을 취득한 사람으로서 13년 이상 건설안전 업무를 수행한 사람을 포함) 자격을 취득한 사람 1명 포함

〈보기〉

㉠ A공사는 토목공사 130억 원 규모이며 별도의 안전관리자를 선임하지 않았다.

㉡ B공사는 일반공사 150억 원 규모이며 자격증이 없는 산업안전 관련학과 전공자를 1명 선임하였다.

㉢ C공사는 1,500억 원 규모이며 공사 기간 내내 산업안전산업기사 자격증 취득 자 1명, 건설현장에서 안전보건관리책임자 12년 경력자 1명, 2년 전 건설안전산업기사 자격증 취득 자 1명 등 3명을 안전관리자로 선임하였다.

㉣ D공사는 6년에 걸친 1,600억 원 규모의 장기계속공사이며 1년 차에 100억 원 규모의 공사가 진행될 예정이므로 산업안전지도사 자격증 취득 자와 산업안전산업기사 자격증 취득 자 각 1명씩을 안전관리자로 선임하였다.

① ㉠, ㉢

② ㉡, ㉣

③ ㉢, ㉣

④ ㉠, ㉡

✔ 해설 ㉠ 토목공사이므로 150억 원 이상 규모인 경우에 안전관리자를 선임해야 하므로 별도의 안전관리자를 선임하지 않은 것은 잘못된 조치로 볼 수 없다. (○)

㉡ 일반공사로서 120억 원 이상 800억 원 미만의 규모이므로 안전관리자를 1명 선임해야 하며, 자격증이 없는 산업안전 관련학과 전공자도 안전관리자의 자격에 부합되므로 적절한 선임 조치로 볼 수 있다. (○)

㉢ 1,500억 원 규모의 공사이므로 800억 원을 초과하였으며, 매 700억 원 증가 시마다 1명의 안전관리자가 추가되어야 하므로 모두 3명의 안전관리자를 두어야 한다. 또한, 전체 공사 기간의 앞뒤 15%의 기간에는 건설안전기사, 건설안전산업기사, 건설업 안전관리자 경험자 중 건설업 안전관리자 경력이 3년 이상인 사람 1명이 포함되어야 한다. 그런데 〈보기〉에 제시된 세 번째 안전관리자는 건설안전산업기사 자격증 취득을 2년 전에 하였으므로 정해진 규정을 준수하지 못한 경우에 해당된다. (×)

㉣ 1,600억 원 규모이므로 3명의 안전관리자가 필요한 공사이다. 1년 차에 100억 원 규모의 공사가 진행된다면 총 공사 금액의 5%인 80억 원을 초과하므로 1명을 줄여서 선임할 수 있는 기준에 충족되지 못하므로 3명을 선임하여야 하는 경우가 된다. (×)

┃10~11 ┃ 푸르미펜션을 운영하고 있는 K 씨는 P 씨에게 예약 문의전화를 받았다. 아래의 예약일정과 정보를 보고 K 씨가 P 씨에게 안내할 사항으로 옳은 것을 고르시오.

〈푸르미펜션 1월 예약 일정〉

일	월	화	수	목	금	토
					1	2
					• 매 가능 • 난 가능 • 국 완료 • 죽 가능	• 매 가능 • 난 완료 • 국 완료 • 죽 가능
3	4	5	6	7	8	9
• 매 완료 • 난 가능 • 국 완료 • 죽 가능	• 매 가능 • 난 가능 • 국 가능 • 죽 가능	• 매 가능 • 난 가능 • 국 가능 • 죽 가능	• 매 가능 • 난 가능 • 국 가능 • 죽 가능	• 매 가능 • 난 가능 • 국 가능 • 죽 가능	• 매 완료 • 난 가능 • 국 완료 • 죽 완료	• 매 완료 • 난 가능 • 국 완료 • 죽 완료
10	11	12	13	14	15	16
• 매 가능 • 난 완료 • 국 완료 • 죽 가능	• 매 가능 • 난 가능 • 국 가능 • 죽 가능	• 매 가능 • 난 가능 • 국 가능 • 죽 가능	• 매 가능 • 난 가능 • 국 가능 • 죽 가능	• 매 가능 • 난 가능 • 국 가능 • 죽 가능	• 매 가능 • 난 완료 • 국 완료 • 죽 가능	• 매 가능 • 난 완료 • 국 완료 • 죽 가능

※ 완료 : 예약완료, 가능 : 예약가능

〈푸르미펜션 이용요금〉

(단위 : 만 원)

객실명	인원		이용요금			
			비수기		성수기	
	기준	최대	주중	주말	주중	주말
매	12	18	23	28	28	32
난	12	18	25	30	30	35
국	15	20	26	32	32	37
죽	30	35	30	34	34	40

※ 주말 : 금-토, 토-일, 공휴일 전날-당일 / 성수기 : 7~8월, 12~1월
※ 기준인원초과 시 1인당 추가 금액 : 10,000원

K 씨 : 감사합니다. 푸르미펜션입니다.

P 씨 : 안녕하세요. 회사 워크숍 때문에 예약문의를 좀 하려고 하는데요. 1월 8~9일이나 15~16일에 "국"실에 예약이 가능할까요? 웬만하면 8~9일로 예약하고 싶은데….

K 씨 : 인원이 몇 명이시죠?

P 씨 : 일단 15명 정도이고요 추가적으로 3명 정도 더 올 수도 있습니다.

K 씨 : _____ ㉠ _____

P 씨 : 기준 인원이 12명으로 되어 있던데 너무 좁지는 않겠습니까?

K 씨 : 두 방 모두 "국"실보다 방 하나가 적긴 하지만 총 면적은 비슷합니다. 하지만 화장실 등의 이용이 조금 불편하실 수는 있겠군요. 흠…. 8~9일로 예약하시면 비수기 가격으로 해드리겠습니다.

P 씨 : 아, 그렇군요. 그럼 8~9일로 예약 하겠습니다. 그럼 가격은 어떻게 됩니까?

K 씨 : _____ ㉡ _____ 인원이 더 늘어나게 되시면 1인당 10,000원씩 추가로 결재하시면 됩니다. 일단 10만 원만 홈페이지의 계좌로 입금하셔서 예약 완료하시고 차액은 당일에 오셔서 카드나 현금으로 계산하시면 됩니다.

10 ㉠에 들어갈 K 씨의 말로 가장 알맞은 것은?

① 죄송합니다만 1월 8~9일, 15~16일 모두 예약이 모두 차서 이용 가능한 방이 없습니다.

② 1월 8~9일이나 15~16일에는 "국"실 예약이 모두 차서 예약이 어렵습니다. 15명이시면 1월 8~9일에는 "난"실, 15~16일에는 "매"실에 예약이 가능하신데 어떻게 하시겠습니까?

③ 1월 8~9일에는 "국"실 예약 가능하시고 15~16일에는 예약이 완료되었습니다. 15명이시면 5~16일에는 "매"실에 예약이 가능하신데 어떻게 하시겠습니까?

④ 1월 8~9일에는 "국"실 예약이 완료되었고 15~16일에는 예약 가능하십니다. 15명이시면 8~9일에는 "난"실에 예약이 가능하신데 어떻게 하시겠습니까?

✔ 해설 ② 8~9일, 15~16일 모두 "국"실은 모두 예약이 완료되었다. 워크숍 인원이 15~18명이라고 했으므로 "매"실 또는 "난"실을 추천해주는 것이 좋다. 8~9일에는 "난"실, 15~16일에는 "매"실의 예약이 가능하다.

11 ⓛ에 들어갈 K 씨의 말로 가장 알맞은 것은?

① 그럼 1월 8~9일로 "난"실 예약 도와드리겠습니다. 15인일 경우 기본 30만 원에 추가 3인 하셔서 총 33만 원입니다.

② 그럼 1월 8~9일로 "난"실 예약 도와드리겠습니다. 15인일 경우 기본 35만 원에 추가 3인 하셔서 총 38만 원입니다.

③ 그럼 1월 8~9일로 "매"실 예약 도와드리겠습니다. 15인일 경우 기본 28만 원에 추가 3인 하셔서 총 31만 원입니다.

④ 그럼 1월 8~9일로 "매"실 예약 도와드리겠습니다. 15인일 경우 기본 32만 원에 추가 3인 하셔서 총 35만 원입니다.

> ✔해설 ① 8~9일로 예약하겠다고 했으므로 예약 가능한 방은 "난"실이다. 1월은 성수기이지만 비수기 가격으로 해주기로 했으므로 비수기 주말 가격인 기본 30만 원에 추가 3만 원으로 안내해야 한다.

12 다음은 총무팀 오 과장이 팀장으로부터 지시받은 이번 주 업무 내역이다. 팀장은 오 과장에게 가급적 급한 일보다 중요한 일을 먼저 처리해 줄 것을 당부하며 아래의 일들에 대한 시간 분배를 잘 해 줄 것을 지시하였는데, 팀장의 지시사항을 참고로 오 과장이 처리해야 할 업무를 순서대로 알맞게 나열한 것은?

Ⅰ 긴급하면서 중요한 일	Ⅱ 긴급하지 않지만 중요한 일
– 부서 손익실적 정리(A)	– 월별 총무용품 사용현황 정리(D)
– 개인정보 유출 방지책 마련(B)	– 부산 출장계획서 작성(E)
– 다음 주 부서 야유회 계획 수립(C)	– 내방 고객 명단 작성(F)
Ⅲ 긴급하지만 중요하지 않은 일	Ⅳ 긴급하지 않고 중요하지 않은 일
– 민원 자료 취합 정리(G)	– 신입사원 신규 출입증 배부(J)
– 영업부 파티션 교체 작업 지원(H)	– 프린터기 수리 업체 수배(K)
– 출입증 교체 인원 파악(I)	– 정수기 업체 배상 청구 자료 정리(L)

① (D) – (A) – (G) – (K)

② (B) – (E) – (J) – (H)

③ (A) – (G) – (E) – (K)

④ (B) – (F) – (G) – (L)

> ✔해설 ④ 긴급한 일과 중요한 일이 상충될 경우, 팀장의 지시에 의해 중요한 일을 먼저 처리해야 한다. 따라서 시간관리 매트릭스 상의 Ⅰ → Ⅱ → Ⅲ → Ⅳ의 순으로 업무를 처리하여야 한다. 따라서 (B) – (F) – (G) – (L)이 가장 합리적인 시간 계획이라고 할 수 있다.

┃13~14┃ 다음 자료를 보고 이어지는 물음에 답하시오.

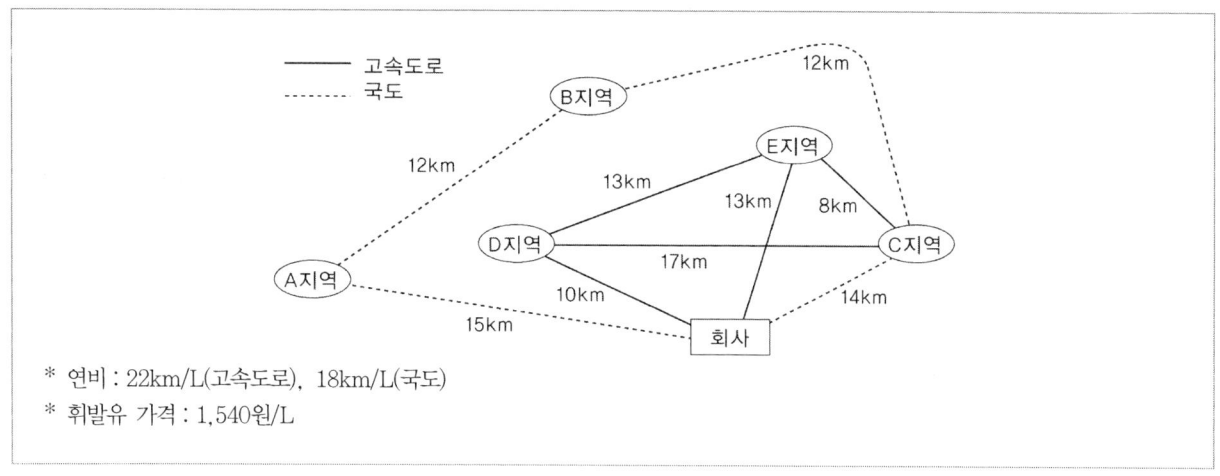

* 연비 : 22km/L(고속도로), 18km/L(국도)
* 휘발유 가격 : 1,540원/L

13 K 대리는 '회사'에서 출발하여 A~E지역을 모두 다녀와야 한다. 같은 곳을 두 번 지나지 않고 회사로부터 5개 지역을 모두 거쳐 다시 회사까지 돌아오는 경로는 모두 몇 가지인가?

① 2가지
② 3가지
③ 4가지
④ 5가지

✔해설 ③ 회사에서 첫 번째로 갈 수 있는 곳은 모두 4개 지역이다.
그런데 C지역으로 가게 되면 같은 지역을 한 번만 지나면서 모든 지역을 거치는 방법이 없게 된다. 따라서 나머지 세 지역으로 갈 경우를 따져 보면 되며, 이것은 다음과 같다.
1. 회사 – A지역 – B지역 – C지역 – D지역 – E지역 – 회사
2. 회사 – A지역 – B지역 – C지역 – E지역 – D지역 – 회사
3. 회사 – D지역 – E지역 – C지역 – B지역 – A지역 – 회사
4. 회사 – E지역 – D지역 – C지역 – B지역 – A지역 – 회사
따라서 모두 4가지의 경로가 존재한다.

ANSWER 11.① 12.④ 13.③

14 K 대리가 선택할 수 있는 최단 경로를 통해 차량(휘발유 사용)으로 방문을 하고 돌아올 경우, K 대리가 사용한 연료비의 총 금액은 모두 얼마인가? (단, 원 단위 이하는 절삭한다.)

① 5,230원

② 5,505원

③ 5,700원

④ 5,704원

✔해설 ② 위 문제에서 총 4가지의 경로가 있다고 했으나 이동 거리를 살펴보면 첫 번째와 네 번째가 같은 방법이며, 두 번째와 세 번째가 같은 방법이라는 것을 알 수 있다.(상호 역순으로 이루어진 경로이다.) 이 두 가지 경우 중 최단 거리에 대한 연비를 계산하면 다음과 같다.
첫 번째의 경우 총 이동 거리는 $15+12+12+17+13+13=82km$이다.
두 번째의 경우 총 이동 거리는 $15+12+12+8+13+10=70km$이다.
따라서 두 번째 방법으로 이동했을 경우의 연비를 알아보면 된다.
앞의 세 가지 도로는 국도이며 뒤의 세 가지 도로는 고속도로이므로
연료비는 각각 $(15+12+12) \div 18 \times 1,540 = 3,336$원과 $(8+13+10) \div 22 \times 1,540 = 2,169$원이 된다.
따라서 총 금액은 $3,336+2,169=5,505$원이 된다.

15 입사 2년차인 P 씨와 같은 팀원들은 하루에도 수십 개의 서류를 받는다. 각자 감당할 수 없을 만큼의 서류가 쌓이다보니 빨리 처리해야 할 업무가 무엇인지, 나중에 해도 되는 업무가 무엇인지 확인이 되지 않았다. 이런 상황에서 P 씨가 가장 먼저 취해야 할 행동으로 가장 적절한 것은?

① 같은 팀원이자 후배인 K 씨에게 서류정리를 시킨다.

② 가장 높은 상사의 일부터 처리한다.

③ 보고서와 주문서 등을 종류별로 정리하고 중요내용을 간추려 메모한다.

④ 눈앞의 급박한 상황들을 먼저 처리한다.

✔해설 ③ 업무 시에는 일의 우선순위를 정하는 것이 중요하다. 많은 서류들을 정리하고 중요 내용을 간추려 메모하면 이후의 서류들도 기존보다 빠르게 정리할 수 있으며 시간을 효율적으로 사용할 수 있다.

16 모든 예산항목에 대해 전년도 예산을 기준으로 잠정적인 예산을 책정하지 않고 모든 사업계획과 활동에 대해 법정경비 부분을 제외하고 영기준(zero-base)을 적용하여 과거의 실적이나 효과, 정책의 우선순위를 엄격히 심사해 편성한 예산을 무엇이라 하는가?

① 영기준예산제도

② 성인지예산제도

③ 성과주의예산제도

④ 계획예산제도

✔해설 ② 성인지예산제도 : 예산편성, 집행과정에서 남녀에게 미치는 효과를 고려하여 남녀 차별 없이 평등하게 혜택을 받을 수 있도록 하는 제도
③ 성과주의예산제도 : 예산을 기능별, 사업계획별, 활동별로 분류하여 예산의 지출과 성과의 관계를 명백히 하기 위한 예산제도
④ 계획예산제도 : 정부의 장기적인 계획 수립과 단기적인 예산편성을 유기적으로 결합시킴으로써 자원배분에 관한 의사결정을 합리적으로 행하고자 하는 예산제도

17 다음 중 예산과정의 순서로 옳은 것은?

① 편성–집행–심의–결산–의결–회계검사
② 편성–의결–집행–심의–결산–회계검사
③ 편성–심의–의결–집행–결산–회계검사
④ 편성–결산–심의–집행–의결–회계검사

✔해설 ③ 예산과정은 '예산의 편성 – 예산의 심의 및 의결 – 예산의 집행 – 결산 및 회계검사'의 순으로 이루어진다.

18 다음은 예산과정 중 어느 단계에 대한 설명인가?

> 심의·의결을 거쳐 확정된 예산은 중앙예산기관을 통해 각 부처의 요구와 자금계획에 따라 나눠지고 이렇게 예산을 받은 각 부처는 배정된 예산의 범위 내에서 각 활동에 필요한 금액을 사용한다.

① 예산의 편성   ② 예산의 심의
③ 예산의 집행   ④ 결산

✔해설 ③ 제시된 글은 예산의 집행에 대한 설명이다.

19 새로운 회계연도가 개시될 때까지 예산이 성립되지 못할 경우 정부는 국회에서 예산안이 의결·확정될 때까지 헌법·법률에 따라 설치된 기관·시설의 유지·운영과 법률상 지출 의무의 이행, 그리고 이미 예산으로 승인된 사업을 계속하기 위한 경비를 전년도 예산에 준하여 집행할 수 있는데 이것을 무엇이라 하는가?

① 특별회계예산   ② 준예산
③ 추가경정예산   ④ 본예산

✔해설 ① 특별회계예산 : 특정한 세입으로 특정한 세출을 충당함으로써 일반의 세입·세출과 구분하여 회계 처리할 필요가 있을 때 법률에 따라 설치하는 특별회계에 속하는 예산
③ 추가경정예산 : 예산이 국회에서 의결된 이후 새로운 사정으로 소요경비의 과부족이 생길 때 본예산에 추가 또는 변경을 가하는 예산
④ 본예산 : 맨 처음 편성하여 국회의 의결을 거쳐 확정·성립된 기본 예산

20 OO산업에서 우수 직원에게 해외여행을 보내주려고 한다. 제시된 기준에 따를 때 가장 낮은 점수를 받은 사람은 누구인가?

〈선발 기준〉		
구분	점수	비고
근무 경력	40점	• 20년 이상은 100% • 10년 이상 20년 미만은 80% • 10년 미만은 50%
근무 성적	30점	• A등급은 100% • B등급은 80% • C등급은 50%
외국어 성적	30점	• 정답 30개 100% • 정답 20개 이상, 30개 미만은 80% • 정답 10개 이상, 20개 미만은 50%
포상	20점	• 4회 이상은 100% • 2~3회는 80% • 2회 미만은 50%
계	120점	

〈직원 현황〉				
구분	민주	은진	수민	아라
근무 경력	20년	13년	9년	7년
근무 성적	B등급	C등급	A등급	B등급
외국어 성적	19개	24개	30개	30개
포상	2회	4회	1회	4회

① 민주 ② 은진
③ 수민 ④ 아라

 해설

구분	민주	은진	수민	아라
근무 경력	40점	32점	20점	20점
근무 성적	24점	15점	30점	24점
외국어 성적	15점	24점	30점	30점
포상	16점	20점	10점	20점
계	95점	91점	90점	94점

21 인사부에서 근무하는 H 씨는 다음 〈상황〉과 〈조건〉에 근거하여 부서 배정을 하려고 한다. 〈상황〉과 〈조건〉을 모두 만족하는 부서 배정은 어느 것인가?

〈상황〉

총무부, 영업부, 홍보부에는 각각 3명, 2명, 4명의 인원을 배정하여야 한다. 이번에 선발한 인원으로는 5급이 A, B, C가 있으며, 6급이 D, E, F가 있고 7급이 G, H, I가 있다.

〈조건〉

조건1 : 총무부에는 5급이 2명 배정되어야 한다.

조건2 : B와 C는 서로 다른 부서에 배정되어야 한다.

조건3 : 홍보부에는 7급이 2명 배정되어야 한다.

조건4 : A와 I는 같은 부서에 배정되어야 한다.

	총무부	영업부	홍보부
①	A, C, I	D, E	B, F, G, H
②	A, B, E	D, G	C, F, H, I
③	A, B, I	C, D, G	E, F, H
④	B, C, H	D, E	A, F, G, I

✔해설 ② A와 I가 같은 부서에 배정되어야 한다는 조건4를 만족하지 못한다.
③ 홍보부에 4명이 배정되어야 한다는 〈상황〉에 부합하지 못한다.
④ B와 C가 서로 다른 부서에 배정되어야 한다는 조건2를 만족하지 못한다.

22 자원관리능력이 필요한 이유와 가장 관련 있는 자원의 특성은?

① 가변성   ② 유한성
③ 편재성   ④ 상대성

✔해설 ② 자원의 적절한 관리가 필요한 이유는 자원의 유한성 때문이다.

23 다음 야유회 계획에 대한 생각으로 옳지 않은 것은?

〈하계 야유회 계획〉

1. 해당부서 : 편집팀, 전산팀, 디자인팀, 영업팀
2. 일정 : 2026년 7월 14일~15일
3. 장소 : 대천 해수욕장
4. 예산 : 숙박비, 식비, 교통비, 기념품비

① 수진 : 이번 일정은 1박 2일이구나
② 민정 : 숙박비를 우선적으로 고려해야겠어
③ 경리 : 기념품비는 조금 줄여도 되겠어
④ 진주 : 만약 예산이 부족하다면 교통비 항목을 빼야겠군

✔ 해설 ④ 숙박비, 식비, 교통비는 기본적인 항목이기 때문에 가장 우선적으로 고려되어야 한다.

24 다음은 자원관리 기본 과정이다. 순서대로 나열한 것은?

㉠ 계획대로 수행하기
㉡ 이용 가능한 자원 수집하기
㉢ 필요한 자원의 종류와 양 확인하기
㉣ 자원 활용 계획 세우기

① ㉡ - ㉢ - ㉣ - ㉠　　　　　　② ㉡ - ㉣ - ㉢ - ㉠
③ ㉢ - ㉡ - ㉣ - ㉠　　　　　　④ ㉢ - ㉣ - ㉡ - ㉠

✔ 해설 자원관리 기본 과정
㉠ 필요한 자원의 종류와 양 확인하기
㉡ 이용 가능한 자원 수집하기
㉢ 자원 활용 계획 세우기
㉣ 계획대로 수행하기

25 다음 중 같은 성질을 가진 비용끼리 올바르게 묶은 것은?

㉠ 재료비	㉡ 시설비
㉢ 사무실 관리비	㉣ 인건비
㉤ 광고비	㉥ 비품비

① ㉠, ㉡, ㉣

② ㉡, ㉢, ㉣

③ ㉢, ㉣, ㉤

④ ㉣, ㉤, ㉥

 해설 ① ㉠㉡㉣는 직접비용, ㉢㉤㉥는 간접비용에 해당한다.

※ 직접비용과 간접비용
  ㉠ **직접비용**: 제품 생산 또는 서비스를 창출하기 위해 직접 소비된 것으로 여겨지는 비용으로 재료비, 원료와 장비, 시설비, 인건비 등이 있다.
  ㉡ **간접비용**: 제품을 생산하거나 서비스를 창출하기 위해 소비된 비용 중에서 직접비용을 제외한 비용으로 제품 생산에 직접 관련되지 않은 비용을 말한다. 간접비용의 경우 과제에 따라 매우 다양하며 보험료, 건물관리비, 광고비, 통신비, 사무비품비, 각종 공과금 등이 있다.

26 자원 낭비의 요인으로 옳지 않은 것은?

① 계획적 행동

② 편리성 추구

③ 자원에 대한 인식 부재

④ 노하우 부족

해설 자원 낭비의 요인
  ㉠ 비계획적 행동
  ㉡ 편리성 추구
  ㉢ 자원에 대한 인식 부재
  ㉣ 노하우 부족

27 스티븐 코비의 시간관리 매트릭스 4단계에 따를 때, 기간이 정해진 프로젝트는 어디에 속하는가?

① 긴급하면서 중요한 일

② 긴급하지 않지만 중요한 일

③ 긴급하지만 중요하지 않은 일

④ 긴급하지 않고 중요하지 않은 일

✔해설 ① 일의 우선순위를 정할 때는 일반적으로 일이 가진 중요성과 긴급성을 바탕으로 구분하는 경향이 있다.

※ 스티븐 코비의 시간관리 매트릭스

	긴급함	긴급하지 않음
중요함	Ⅰ. 긴급하면서 중요한 일 • 위기상황 • 급박한 문제 • 기간이 정해진 프로젝트	Ⅱ. 긴급하지 않지만 중요한 일 • 예방 생산 능력 활동 • 인간관계 구축 • 새로운 기회 발굴 • 중장기 계획, 오락
중요하지 않음	Ⅲ. 긴급하지만 중요하지 않은 일 • 잠깐의 급한 질문 • 일부 보고서 및 회의 • 눈앞의 급박한 상황 • 인기 있는 활동 등	Ⅳ. 긴급하지 않고 중요하지 않은 일 • 바쁜 일, 하찮은 일 • 우편물, 전화 • 시간낭비거리 • 즐거운 활동 등

▌28~29▐ 물건 구매를 위해 비품 재고 현황을 파악 중이다. 물음에 답하시오.

〈비품 재고 현황〉

품목	수량	단위당 가격
서류봉투	32장	500원
휴지	1롤	10,000원
종이컵	3줄	2,000원
볼펜	20자루	1,000원
믹스커피	2박스	15,000원
수정액	10개	2,000원
…		

28 다음 중 잘못된 해석은 무엇인가?

① 종이컵은 3줄 남아있다.

② 가장 먼저 구매해야 할 비품은 믹스커피이다.

③ 서류봉투는 32장이 있으므로 아직 여유가 있다.

④ '수량×단위당 가격'은 볼펜과 수정액이 동일하다.

✔해설 ② 가장 먼저 구매해야 할 비품은 휴지이다.

29 구매 예산 20,000원으로 살 수 없는 것은 무엇인가?

① 종이컵 10줄+볼펜2개

② 믹스커피 1BOX+수정액 2개

③ 휴지 1롤+종이컵 5줄

④ 서류봉투 20장+수정액 4개

✔해설 ① 22,000원 ② 19,000원 ③ 20,000원 ④ 18,000원

30 '물품의 활용 빈도가 높은 것은 상대적으로 가져다 쓰기 쉬운 위치에 보관한다.'는 물품보관 원칙 중 무엇에 해당되는가?

① 동일성의 원칙

② 유사성의 원칙

③ 개별성의 원치

④ 회전대응 보관 원칙

✔해설 ④ 회전대응 보관 원칙은 물품의 활용 빈도가 높은 것은 상대적으로 가져다 쓰기 쉬운 위치에 보관한다는 원칙으로, 입·출하의 빈도가 높은 품목은 출입구 가까운 곳에 보관하는 것을 말한다.

Chapter
05 정보능력

[정보능력] 출제유형

① 컴퓨터활용능력 : 컴퓨터 이론, 프로그램별 단축키, 액셀 함수, PC 관리기법 등과 관련된 문제로 구성되는 유형이다.

② 정보처리능력 : 소프트웨어 활용과 제시된 상황에 따른 결과를 도출해 내야 하는 문제 유형이다.

[정보능력] 출제경향

정보능력은 컴퓨터를 활용하여 필요한 정보를 얻어내고 분석할 수 있는 능력이다. 엑셀의 경우 이론보다는 실무 활용 유형으로 출제되는 편이며, 검색 연산자에 대해 묻는 문제도 다시 나오는 편이다. 기본적인 엑셀 함수, 프로그램 단축키 등은 암기해 두는 것이 문제 해결에 도움이 된다.

[정보능력] 유형별 출제빈도

출제유형	출제빈도									
컴퓨터활용능력										
정보처리능력										

120 ▌ PART 02. 직업기초능력평가

예제 01 컴퓨터활용능력

5W2H는 정보를 전략적으로 수집·활용할 때 주로 사용하는 방법이다. 5W2H에 대한 설명으로 옳지 않은 것은?

① WHAT : 정보의 수집방법을 검토한다.
② WHERE : 정보의 소스(정보원)를 파악한다.
③ WHEN : 정보의 요구(수집)시점을 고려한다.
④ HOW : 정보의 수집방법을 검토한다.

출제의도

방대한 정보들 중 꼭 필요한 정보와 수집 방법 등을 전략적으로 기획하고 정보수집이 이루어질 때 효과적인 정보 수집이 가능해진다. 5W2H는 이러한 전략적 정보 활용 기획의 방법으로 그 개념을 이해하고 있는지를 묻는 질문이다.

해설

5W2H의 'WHAT'은 정보의 입수대상을 명확히 하는 것이다. 정보의 수집방법을 검토하는 것은 HOW(어떻게)에 해당되는 내용이다.

≫ ①

예제 02 컴퓨터활용능력

당신은 커피 전문점을 운영하고 있다. 아래와 같이 엑셀 워크시트로 4개 지점의 원두 구매 수량과 단가를 이용하여 금액을 산출하고 있을 때 D3셀에서 사용하고 있는 함수식으로 옳은 것은? (단, 금액 = 수량 × 단가)

	A	B	C	D	E
1	지점	원두	수량(100g)	금액	
2	A	케냐	15	150,000	
3	B	콜롬비아	25	175,000	
4	C	케냐	30	300,000	
5	D	브라질	35	210,000	
6					
7		원두	100g당 단가		
8		케냐	10,000		
9		콜롬비아	7,000		
10		브라질	6,000		
11					

① =C3*VLOOKUP(B3, $B$8:$C$10, 1, 1)
② =B3*HLOOKUP(C3, $B$8:$C$10, 2, 0)
③ =C3*VLOOKUP(B3, $B$8:$C$10, 2, 0)
④ =C3*HLOOKUP($B$8:$C$10, 2, B3)

출제의도

본 문항은 엑셀 워크시트 함수의 활용도를 확인하는 문제이다.

해설

"VLOOKUP(B3,$B$8:$C$10, 2, 0)"의 함수를 해설해보면 B3의 값(콜롬비아)을 B8:C10에서 찾은 후 그 영역의 2번째 열(C열, 100g당 단가)에 있는 값을 나타내는 함수이다. 금액은 "수량 × 단가"으로 나타내므로 D3셀에 사용되는 함수식은 "=C3*VLOOKUP(B3, $B$8: $C$10, 2, 0)"이다.

※ HLOOKUP과 VLOOKUP
ⓐ HLOOKUP : 배열의 첫 행에서 값을 검색하여, 지정한 행의 같은 열에서 데이터를 추출
ⓑ VLOOKUP : 배열의 첫 열에서 값을 검색하여, 지정한 열의 같은 행에서 데이터를 추출

≫ ③

인사팀에서 근무하는 J 씨는 회사가 성장함에 따라 직원 수가 급증하기 시작하면서 직원들의 정보관리 방법을 모색하던 중 다음과 같은 A사의 직원 정보관리 방법을 보게 되었다. J 씨는 A사가 하고 있는 이 방법을 회사에도 도입하고자 한다. 이 방법은 무엇인가?

A사의 인사부서에 근무하는 H 씨는 직원들의 개인정보를 관리하는 업무를 담당하고 있다. A사에서 근무하는 직원은 수천 명에 달하기 때문에 H 씨는 주요 키워드나 주제어를 가지고 직원들의 정보를 구분하여 관리하여, 찾을 때도 쉽고 내용을 수정할 때도 이전보다 훨씬 간편할 수 있도록 했다.

① 목록을 활용한 정보관리
② 색인을 활용한 정보관리
③ 분류를 활용한 정보관리
④ 1 : 1 매칭을 활용한 정보관리

출제의도
본 문항은 정보관리 방법의 개념을 이해하고 있는가를 묻는 문제이다.

해설]
주어진 자료의 A사에서 사용하는 정보관리는 주요 키워드나 주제어를 가지고 정보를 관리하는 방식인 색인을 활용한 정보관리이다. 디지털 파일에 색인을 저장할 경우 추가, 삭제, 변경 등이 쉽다는 점에서 정보관리에 효율적이다.

〉〉 ②

1 다음 표에 제시된 통계함수와 함수의 기능이 서로 잘못 짝지어진 것은?

함수명	기능
㉠ AVERAGEA	텍스트로 나타낸 숫자, 논리값 등을 포함, 인수의 평균을 구함
㉡ COUNT	인수 목록에서 공백이 아닌 셀과 값의 개수를 구함
㉢ COUNTIFS	범위에서 여러 조건을 만족하는 셀의 개수를 구함
㉣ LARGE(범위, k번째)	범위에서 k번째로 큰 값을 구함

① ㉠   ② ㉡

③ ㉢   ④ ㉣

✔해설 ② 'COUNT' 함수는 인수 목록에서 숫자가 들어 있는 셀의 개수를 구할 때 사용되는 함수이며, 인수 목록에서 공백이 아닌 셀과 값의 개수를 구할 때 사용되는 함수는 'COUNTA' 함수이다.

2 다음에 제시된 사례 중, 인터넷의 역기능으로 보기 어려운 것은?

① 수신된 이메일을 무심코 열어 본 K 씨는 원치 않는 음란 사이트로 연결되어 공공장소에서 당혹스러운 일을 겪은 적이 있다.

② H 씨는 증권 거래 사이트가 갑자기 마비되어 큰돈이 묶이게 된 상황을 경험한 적이 있다.

③ 인터넷 뱅킹을 자주 이용하는 M 씨는 OTP발생기를 가지고 오지 않아 여행지에서 꼭 필요한 송금을 하지 못한 적이 있다.

④ L 씨는 유명한 게임 사이트에 접속하였다가 입에 담기도 힘든 욕설을 듣고 불쾌함을 느낀 적이 있다.

✔해설 ③ 인터넷 송금에 필요한 보안 장치인 OTP 발생기는 보안을 강화시키기 위한 도구이며, 이를 지참하지 않은 것은 개인적 부주의의 차원이며, 인터넷의 역기능으로 볼 수는 없다.

ANSWER 1.② 2.③

▮3~4▮ 다음은 H사의 물품 재고 창고에 적재되어 있는 제품 보관 코드 체계이다. 다음 표를 보고 이어지는 질문에 답하시오.

예시
* 2021년 12월에 중국 '2 Stars' 사에서 생산된 아웃오더 신발의 15번째 입고 제품
  → 2112 - 1B - 04011 - 00015

생산 연월	공급처				입고 분류				입고품 수량
	원산지 코드		제조사 코드		용품 코드		제품별 코드		
2026년 9월 – 2609 2024년 11월 – 2411	1	중국	A	All-8	01	캐쥬얼	001	청바지	00001부터 다섯 자리 시리얼 넘버가 부여됨
			B	2 Stars			002	셔츠	
			C	Facai	02	여성	003	원피스	
	2	베트남	D	Nuyen			004	바지	
			E	N-sky			005	니트	
	3	멕시코	F	Bratos			006	블라우스	
			G	Fama	03	남성	007	점퍼	
	4	한국	H	혁진사			008	카디건	
			I	K상사			009	모자	
			J	영스타	04	아웃도어	010	용품	
	5	일본	K	왈러스			011	신발	
			L	토까이			012	래쉬가드	
			M	히스모	05	베이비	013	내복	
	6	호주	N	오즈본			014	바지	
			O	Island					
	7	독일	P	Kunhe					
			Q	Boyer					

3 2026년 10월에 생산된 '왈러스' 사의 여성용 블라우스로 10,215번째 입고된 제품의 코드로 알맞은 것은?

① 2510 – 5K – 02006 – 00215

② 2510 – 5K – 02060 – 10215

③ 2610 – 5K – 02006 – 10215

④ 2610 – 5L – 02005 – 10215

> ✔**해설** ③ 2026년 10월 생산품이므로 2610의 코드가 부여되며, 일본 '왈러스' 사는 5K, 여성용 02와 블라우스 해당 코드 006, 10,215번째 입고품의 시리얼 넘버 10215가 제품 코드로 사용되므로 2610 – 5K – 02006 – 10215가 된다.

4 제품 코드 2410 – 3G – 04011 – 00910에 대한 설명으로 옳지 않은 것은?

① 해당 제품의 입고 수량은 적어도 910개 이상이다.

② 중남미에서 생산된 제품이다.

③ 여름에 생산된 제품이다.

④ 캐쥬얼 제품이 아니다.

> ✔**해설** ③ 2024년 10월에 생산되었으며, 멕시코 Fama사의 생산품이다. 또한, 아웃도어용 신발을 의미하며 910번째로 입고된 제품임을 알 수 있다.

5 PC 보안을 설정하기 위한 다음의 방법 중 적절하지 않은 것은?

① 일정 시간을 정하여 화면 보호기를 설정해 둔다.

② 불필요한 공유 폴더의 사용을 금지한다.

③ 정품이 아닌 윈도우 소프트웨어 사용 시 정기적인 업데이트를 반드시 실시한다.

④ 허가하지 않은 인터넷 연결이나 공유 폴더 접근을 차단하는 PC 방화벽을 설정한다.

> ✔**해설** ③ 정품이 아닌 윈도우 소프트웨어는 정기적인 업데이트 서비스가 제한되어 있는 것이 일반적인 특징이다. 따라서 불법 소프트웨어는 사용을 금하는 것이 가장 현명한 PC 보안 방법이 된다. 정품이 아닌 소프트웨어의 그 밖의 특징으로는 설치 프로그램에 악성 코드 포함 가능성, 주요 기능 배제 또는 변형 우려, 컴퓨터의 성능 약화, 보안 기능 사용 불가 등이 있다.

6 인터넷의 보급이 급증하면서 전자상거래도 지속적인 활성화 추세를 이어가고 있다. 다음 중 전자상거래에 대한 특징으로 적절하지 않은 것은?

① 전자상거래는 형태별로 B2B, B2C, C2C로 구분할 수 있다.

② B2B는 대량의 도매 거래가 주를 이루며 상품을 도매가로 사고 팔 수 있는 마켓 플레이스이다.

③ B2C는 중간 단계의 유통 과정이 생략되어 기업과 소비자 직거래를 통한 할인된 가격의 제품을 구매할 수 있다.

④ C2C 시장은 없는 상품이 없을 정도로 다양한 상품들이 유통되고 있으며, 제품의 품질도 보장될 수 있어 매우 유용한 마켓으로 각광받고 있다.

> ✔ 해설 ④ C2C에는 없는 상품이 없을 정도로 다양한 상품이 유통되며 가격도 매우 저렴한 특징이 있으나, 제품의 품질이 보장되지 않는 경우가 많은 단점이 있다. B2B는 기업과 기업 간의 전자상거래를 의미한다. B2C는 일반 쇼핑몰과 같이 기업이 개인 고객을 대상으로 하는 전자상거래이며, C2C는 개인과 개인이 서로 거래할 수 있는 전자상거래이다.

7 다음과 같은 값이 입력된 MS 엑셀(Excel)의 A1 셀을 A4 셀까지 드래그할 경우, A4 셀에 입력될 값은?

	A	B
1	1학년 1반 001번	
2		
3		
4		
5		

① 4학년 1반 001번

② 1학년 1반 004번

③ 4학년 4반 004번

④ 1학년 4반 004번

> ✔ 해설 ② 문자와 숫자가 혼합된 데이터를 드래그하면 문자는 그대로 복사되고 숫자는 1씩 증가하면서 채워지게 된다. 제시된 예와 같이 문자의 양쪽에 숫자가 있는 데이터를 드래그하면 앞에 있는 숫자와 문자는 그대로 복사되며, 뒤에 있는 숫자만 1씩 증가하면서 채워진다.

8 끝없이 넘쳐나는 정보들을 분류하여 관리하는 방법 중, 분류의 기준으로 삼기에 거리가 먼 것은?

① 정보를 얻게 된 정보원에 따라 인터넷, 홍보 책자, 회의 자료 등으로 분류해 보았다.

② 천연가스 수입량과 공급국 현황 자료를 연도별 기준에 따라 분류해 보았다.

③ 해외사업과 관련된 모든 자료들을 취합하여 프로젝트 이름별, 시행 장소별로 분류해 보았다.

④ 고객관련 지원사업에 대한 정보를 구체적인 지원 내용에 따라 분류해 보았다.

> ✔**해설** ① 정보를 관리하는 목적은 관리 자체를 위한 것이 아닌, 검색의 용이함을 확보할 수 있고 정보를 공유하는 사람들이 얼마나 손쉽게 찾아볼 수 있는지가 되어야 할 것이다. ①과 같은 방식의 분류 기준은 또 다른 기준을 적용한 2차 분류를 통하여 원하는 정보를 검색해야 하는 불편함이 생길 수 있다.
> ② 시간적 기준에 따른 분류로 유용한 방법이다.
> ③ 기억하기 쉽고 누구나 생각할 수 있는 상식적인 방법으로 바람직하다고 볼 수 있다.
> ④ 알고자 하는 정보를 주제와 기능에 맞게 검색할 수 있는 편리하고 유용한 방법이다.

9 다음 중 셀 포인터의 이동을 설명하는 내용으로 올바르지 않은 것은?

① Ctrl + End → 현재 위치한 시트의 오른쪽 시트로 이동

② Shift + Tab → 셀의 오른쪽으로 이동

③ Alt + Page Up → 왼쪽 한 화면씩 이동

④ Ctrl + Page Up → 현재 위치한 시트의 왼쪽 시트로 이동

> ✔**해설** ① 'Ctrl + End'는 셀 포인터를 데이터 영역의 맨 마지막 셀로 이동시킬 때 사용한다. 현재 위치한 시트의 오른쪽 시트로 이동할 경우에는 'Ctrl + Page Down'을 눌러야 한다.

10 다음은 워크시트에 작성된 데이터의 '정렬'에 대한 설명이다. 정렬 기능을 올바르게 설명하지 못한 것은?

① 머리글의 값이 정렬 작업에 포함 또는 제외되도록 설정하거나 해제할 수 있다.

② 셀 범위나 표 열의 서식을 직접 또는 조건부 서식으로 설정할 경우 셀 색 또는 글꼴 색을 기준으로 정렬할 수 있다.

③ 영어는 대소문자를 구별해서 정렬할 수 있다.

④ 오름차순과 내림차순 정렬에서 공백은 맨 처음에 위치하게 된다.

> ✔**해설** ④ 빈 셀은 오름차순과 내림차순 정렬에 상관없이 항상 맨 마지막에 정렬된다.

ANSWER 6.④ 7.② 8.① 9.① 10.④

【11~12 】 다음 자료는 J회사 창고에 있는 가전제품 코드 목록이다. 다음을 보고 물음에 답하시오.

SE-11-KOR-3A-2312	CH-08-CHA-2C-2108	SE-07-KOR-2C-2303
CO-14-IND-2A-2311	JE-28-KOR-1C-2308	TE-11-IND-2A-2211
CH-19-IND-1C-2101	SE-01-KOR-3B-2211	CH-26-KOR-1C-2107
NA-17-PHI-2B-2205	AI-12-PHI-1A-2302	NA-16-IND-1B-2111
JE-24-PHI-2C-2201	TE-02-PHI-2C-2303	SE-08-KOR-2B-2307
CO-14-PHI-3C-2308	CO-31-PHI-1A-2301	AI-22-IND-2A-2303
TE-17-CHA-1B-2301	JE-17-KOR-1C-2306	JE-18-IND-1C-2304
NA-05-CHA-3A-2211	SE-18-KOR-1A-2303	CO-20-KOR-1C-2302
AI-07-KOR-2A-2301	TE-12-IND-1A-2311	AI-19-IND-1A-2303
SE-17-KOR-1B-2302	CO-09-CHA-3C-2304	CH-28-KOR-1C-2108
TE-18-IND-1C-2310	JE-19-PHI-2B-2207	SE-16-KOR-2C-2305
CO-19-CHA-3A-2309	NA-06-KOR-2A-2201	AI-10-KOR-1A-2309

〈코드 부여 방식〉
[제품 종류]-[모델 번호]-[생산 국가]-[공장과 라인]-[제조연월]

〈예시〉
TE-13-CHA-2C-2301
2023년 1월에 중국 2공장 C라인에서 생산된 텔레비전 13번 모델

제품 종류 코드	제품 종류	생산 국가 코드	생산 국가
SE	세탁기	CHA	중국
TE	텔레비전	KOR	한국
CO	컴퓨터	IND	인도네시아
NA	냉장고	PHI	필리핀
AI	에어컨		
JE	전자레인지		
GA	가습기		
CH	청소기		

11 위의 코드 부여 방식을 참고할 때 옳지 않은 내용은?

① 창고에 있는 기기 중 세탁기는 모두 한국에서 제조된 것들이다.

② 창고에 있는 기기 중 컴퓨터는 모두 2023년에 제조된 것들이다.

③ 창고에 있는 기기 중 청소기는 있지만 가습기는 없다.

④ 창고에 있는 기기 중 2021년에 제조된 것은 청소기 뿐이다.

✔해설 ④ NA－16－IND－1B－2111가 있으므로 2021년에 제조된 냉장고도 창고에 있다.

12 J회사에 다니는 Y 씨는 가전제품 코드 목록을 파일로 불러와 검색을 하고자 한다. 검색의 결과로 옳지 않은 것은?

① 창고에 있는 세탁기가 몇 개인지 알기 위해 'SE'를 검색한 결과 7개임을 알았다.

② 창고에 있는 기기 중 인도네시아에서 제조된 제품이 몇 개 인지 알기 위해 'IND'를 검색한 결과 10개임을 알았다.

③ 모델 번호가 19번인 제품을 알기 위해 '19'를 검색한 결과 4개임을 알았다.

④ 1공장 A공장에서 제조된 제품을 알기 위해 '1A'를 검색한 결과 6개임을 알았다.

✔해설 ② 인도네시아에서 제조된 제품은 9개이다.

13 T회사에서 근무하고 있는 N 씨는 엑셀을 이용하여 작업을 하고자 한다. 엑셀에서 바로 가기 키에 대한 설명이 다음과 같을 때 괄호 안에 들어갈 내용으로 알맞은 것은?

> 통합 문서 내에서 (㉠) 키는 다음 워크시트로 이동하고 (㉡) 키는 이전 워크시트로 이동한다.

	㉠	㉡
①	⟨Ctrl⟩＋⟨Page Down⟩	⟨Ctrl⟩＋⟨Page Up⟩
②	⟨Shift⟩＋⟨Page Down⟩	⟨Shift⟩＋⟨Page Up⟩
③	⟨Tab⟩＋←	⟨Tab⟩＋→
④	⟨Alt⟩＋⟨Shift⟩＋↑	⟨Alt⟩＋⟨Shift⟩＋↓

✔해설 ① 엑셀 통합 문서 내에서 다음 워크시트로 이동하려면 ⟨Ctrl⟩＋⟨Page Down⟩을 눌러야 하며, 이전 워크시트로 이동하려면 ⟨Ctrl⟩＋⟨Page Up⟩을 눌러야 한다.

ANSWER 11.④ 12.② 13.①

14 정보 활용의 전략적 기획 5W2H에 대한 설명으로 옳지 않은 것은?

① WHAT : 정보의 입수대상을 명확히 한다.

② WHERE : 정보수집의 비용성(효용성)을 중시한다.

③ WHEN : 정보의 요구(수집)시점을 고려한다.

④ WHY : 정보의 필요목적을 염두에 둔다.

> **✓해설** ②는 HOW MUCH에 대한 설명이다.
>
> ※ 5W2H
> ㉠ WHAT(무엇을) : 정보의 입수대상을 명확히 한다.
> ㉡ WHERE(어디서) : 정보의 소스(정보원)를 파악한다.
> ㉢ WHEN(언제까지) : 정보의 요구(수집)시점을 고려한다.
> ㉣ WHY(왜) : 정보의 필요목적을 염두에 둔다.
> ㉤ WHO(누가) : 정보활동의 주체를 확정한다.
> ㉥ HOW(어떻게) : 정보의 수집방법을 검토한다.
> ㉦ HOW MUCH(얼마나) : 정보수집의 비용성(효용성)을 중시한다.

15 다음과 같은 시트에서 이름에 '철'이라는 글자가 포함된 셀의 서식을 채우기 색 '노랑', 글꼴 스타일 '굵은 기울임꼴'로 변경하고자 한다. 이를 위해 [A2:A7] 영역에 설정한 조건부 서식의 수식 규칙으로 옳은 것은?

	A	B	C	D
1	이름	편집부	영업부	관리부
2	박초롱	89	65	92
3	강원철	69	75	85
4	이창준	75	86	35
5	민수진	87	82	80
6	김상철	55	89	45
7	안진철	98	65	95

① =COUNT(A2, "*철*")　　　　② =COUNT(A2:A7, "*철*")

③ =COUNTIF(A2, "*철*")　　　　④ =COUNTIF(A2:A7, "*철*")

> **✓해설** ③ =COUNTIF를 입력 후 범위를 지정하면 지정한 범위 내에서 중복값을 찾는다.
> ㉠ COUNT함수 : 숫자가 입력된 셀의 개수를 구하는 함수
> ㉡ COUNTIF함수 : 조건에 맞는 셀의 개수를 구하는 함수
> '철'을 포함한 셀을 구해야 하므로 조건을 구하는 COUNTIF함수를 사용하여야 한다.
> A2행으로부터 한 칸씩 내려가며 '철'을 포함한 셀을 찾아야 하므로 A2만 사용한다.

16 다음 중 인터넷의 역기능이 아닌 것은?

① 개인 정보 유출　　　　　　　　　　② 불건전 정보의 유통

③ 저작권 보호　　　　　　　　　　　　④ 사이버 언어폭력

✔ 해설　③ 인터넷을 통한 저작권 침해가 많아졌다.

17 다음은 손익계산서이다. 내용을 도표와 그래프로 작성하여 상사에게 보고하고자 할 때 가장 유용한 소프트웨어는 무엇인가?

계정과목＼연도	2024년	2025년	2026년
매출액	75,450	92,025	110,055
매출원가	62,078	78,456	88,256
매출 총이익	13,372	13,569	21,799
영업이익	4,516	4,311	12,551
영업외 수익	3,725	3,815	3,825
영업외 비용	2,666	2,212	3,627
법인세차감전순이익	5,575	5,914	12,749
당기순이익	5,017	5,322	10,100

① 워드　　　　　　　　　　　　　　　② 엑셀

③ 파워포인트　　　　　　　　　　　　④ 엑세스

✔ 해설　엑셀의 기능
　ㄱ 수치 계산 기능 : 여러 가지 함수를 이용해 데이터를 빠르고 정확하게 계산할 수 있다.
　ㄴ 차트 작성 기능 : 작성한 데이터를 이용하여 2차원 혹은 3차원 차트(그래프)를 작성할 수 있다.
　ㄷ 데이터베이스 기능 : 데이터 검색, 정렬, 추출 등의 데이터 관리 기능을 제공한다.
　ㄹ 문서 작성 기능 : 다양한 서식(글꼴 크기, 테두리, 색 등)을 이용해 간단한 문서를 작성할 수 있다.
　ㅁ 매크로 기능 : 반복되는 작업을 미리 기억시켜 놓아 쉽게 처리할 수 있다.

┃18~21┃ 글로벌기업인 K회사는 한국, 일본, 중국, 필리핀에 지점을 두고 있으며 주요 품목인 외장하드를 생산하여 판매하고 있다. 다음 규정은 외장하드에 코드를 부여하는 방식이라 할 때, 다음을 보고 물음에 답하시오.

예시〉 외장하드
2026년 2월 12일에 한국 제3공장에서 제조된 스마트S 500GB 500번째 품목
→260212-1C-04001-00500

제조연월일	생산라인				제품종류				완성된 순서
	국가코드		공장 라인		분류코드		용량번호		
2025년 11월 11일 제조 →251111 2026년 12월 20일 제조 →261220	1	한국	A	제1공장	01	xs1	001	500GB	00001부터 시작하여 완성된 순서대로 번호가 매겨짐 1511번째 품목 →01511
			B	제2공장			002	1TB	
			C	제3공장			003	2TB	
			D	제4공장	02	xs2	001	500GB	
	2	일본	A	제1공장			002	1TB	
			B	제2공장			003	2TB	
			C	제3공장	03	oz	001	500GB	
			D	제4공장			002	1TB	
	3	중국	A	제1공장			003	2TB	
			B	제2공장	04	스마트S	001	500GB	
			C	제3공장			002	1TB	
			D	제4공장			003	2TB	
	4	필리핀	A	제1공장	05	HS	001	500GB	
			B	제2공장			002	1TB	
			C	제3공장			003	2TB	
			D	제4공장					

18 2026년 10월 9일에 필리핀 제1공장에서 제조된 xs1 모델로 용량이 2TB인 1584번째 품목 코드로 알맞은 것은?

① 2601093A0100201584

② 2610094B0200301584

③ 2610094D0100315840

④ 2610094A0100301584

> ✔ 해설 2026년 10월 9일 : 261009
> 필리핀 제1공장 : 4A
> xs1 2TB : 01003
> 1584번째 품목 : 01584

19 상품코드 2512222D05002201799에 대한 설명으로 옳지 않은 것은?

① 2025년 12월 22일에 제조되었다.

② 완성된 품목 중 1799번째 품목이다.

③ 일본 제4공장에서 제조되었다.

④ 스마트S 1TB이다.

> ✔ 해설 ④ 05002이므로 HS 1TB이다.

20 이 회사에 입사한지 1개월도 안 된 신입사원이 상품 코드에 익숙해지기 위해 코드 읽는 연습을 하고 있는 중 상사가 다가오더니 잘못된 부분이 있다며 수정해 주었다. 상사가 잘못 수정한 부분은?

> 2601193B0300101588
> →2026년 1월 9일 제조
> →일본 제2공장
> →oz 1TB
> →15880번째 완성 품목

① 2026년 1월 9일 제조→2026년 1월 19일 제조

② 일본 제2공장→중국 제2공장

③ oz 1TB→oz 2TB

④ 15880번째 완성 품목→1588번째 완성 품목

> ✔ 해설 ③ 03001이므로 oz 500GB로 수정해야 한다.

21 기계결함으로 인해 코드번호가 다음과 같이 잘못 찍혔다. 사원 J 씨가 수동으로 수정하려고 할 때 올바르게 수정한 것은?

> 2026년 9월 7일 한국 제4공장에서 제조된 xs2 2TB 13698번째 품목
> 1509071D0200213698

① 제조연월일 : 260907 → 260917
② 생산라인 : 1D → 2D
③ 제품종류 : 02002 → 02003
④ 완성된 순서 : 13698 → 13699

✔ 해설 2026년 9월 7일 제조 : 230907
　　　　한국 제4공장 : 1D
　　　　xs2 2TB : 02003
　　　　13698번째 품목 : 13698

22 개인정보 유출방지 방법으로 옳지 않은 것은?

① 비밀번호는 잊어버리지 않게 쉽게 만든다.
② 회원 가입 시 이용 약관을 읽어본다.
③ 이용 목적에 부합하는 정보를 요구하는지 확인한다.
④ 가입 해지 시 정보 파기 여부를 확인한다.

✔ 해설 ① 남들이 쉽게 유추할 수 있는 비밀번호는 자제한다.

23 다음 중 정보검색 연산자에 대한 설명이 잘못된 것은?

① AND : 두 단어가 모두 포함하여 검색
② relate : 단어와 관련된 이미지를 검색
③ OR : 단어 중 하나를 포함하여 검색
④ near : 앞/뒤의 단어가 가깝게 있는 문서 검색

✔ 해설 ② relate : 유사한 사이트 검색

24 다음에서 설명하는 소프트웨어는 무엇인가?

> • 쉽게 계산을 수행하는 프로그램이다.
> • 계산 결과를 차트로 표시하여 준다.
> • 문서를 작성하고 편집이 가능하다.
> • 계산, 수식, 차트, 저장, 편집, 인쇄가 가능하다.

① 워드프로세서　　　　　　　　　　② 프레젠테이션
③ 일러스트레이터　　　　　　　　　　④ 스프레드시트

> ✔해설 ④ 스프레드시트는 전자계산표 또는 표 계산 프로그램으로 워드프로세서와 같이 문서를 작성하고 편집하는 기능 이외에 수치나 공식을 입력하여 그 값을 계산하고 계산결과를 차트로 표시할 수 있는 프로그램이다.

25 T회사에 근무 중인 Y 씨는 그림판으로 작업을 하려고 한다. 한글 Windows의 [보조 프로그램]에 있는 [그림판] 프로그램에서 작업할 수 있는 파일 형식이 아닌 것은?

① *.BMP　　　　　　　　　　　② *.GIF
③ *.JPG　　　　　　　　　　　④ *.TXT

> ✔해설 ④ TXT 파일은 텍스트 파일로 메모장에서 작업 가능하다.

26 데이터베이스의 장점으로 옳지 않은 것은?

① 데이터의 중복을 줄인다.　　　　　② 데이터의 무결성을 높인다.
③ 검색을 쉽게 해준다.　　　　　　　④ 개발기간을 연장시킨다.

> ✔해설 ④ 개발기간을 단축한다.

27 L회사에 근무 중인 A 씨는 현재 스프레드시트로 작업 중이다. A 씨가 한 화면에 여러 통합문서를 띄워 놓으려고 할 때, 어떤 기능을 사용해야 하는가?

① 틀 고정   ② 페이지 나누기

③ 창 숨기기   ④ 창 정렬

> ✔해설 ④ 창 정렬 기능은 한 화면에 여러 통합문서를 띄어놓고 작업할 수 있으며, 여러 데이터를 비교하면서 작업을 해야 하는 경우 유용하다. 여러 개의 파일을 불러온 뒤 [창] 메뉴에 있는 [정렬]을 클릭하면 바둑판식, 가로, 세로 등 창 정렬을 어떻게 할 것인지 선택할 수 있다.

28 다음에 설명하고 있는 인터넷 서비스는?

> 정보를 보관하기 위해 별도의 데이터 센터를 구축하지 않고 인터넷을 통해 제공되는 서버를 이용해 정보를 보관하고 있다가 필요할 때 꺼내 쓰는 기술

① 메신저   ② 클라우드 컴퓨팅

③ SNS   ④ 전자상거래

> ✔해설 ① 메신저 : 인터넷에서 실시간으로 메시지와 데이터를 주고받을 수 있는 소프트웨어
> ③ SNS : 온라인 인맥 구축을 목적으로 개설된 커뮤니티형 웹사이트
> ④ 전자상거래 : 인터넷을 이용해 상품을 사고팔거나, 재화나 용역을 거래하는 사이버 비즈니스

29 다음은 무엇에 대한 설명인가?

> 아직 특정의 목적에 대하여 평가되지 않은 상태의 숫자나 문자들의 단순한 나열

① 자료   ② 정보

③ 뉴스   ④ 지식

> ✔해설 자료 · 정보 · 지식
> ㉠ 자료 : 정보 작성을 위해 필요한 데이터로 아직 특정의 목적에 대하여 평가되지 않은 상태의 숫자나 문자들의 단순한 나열
> ㉡ 정보 : 자료를 일정한 프로그램에 따라 컴퓨터가 처리 · 가공한 것으로 특정한 목적을 위해 다시 생산된 것
> ㉢ 지식 : 어떤 특정의 목적을 달성하기 위해 과학적 또는 이론적으로 추상화되거나 정립되어 있는 일반화된 정보

30 다음 자료 중 성격이 다른 하나는?

① 단행본

② 학술지

③ 사전

④ 논문

✔해설 정보원

ㄱ 1차 자료 : 단행본, 학술지와 논문, 학술회의자료, 연구보고서, 학위논문, 특허정보, 표준 및 규격자료, 레터, 출판 전 배포자료, 신문, 잡지, 웹 정보자원 등

ㄴ 2차 자료 : 사전, 백과사전, 편람, 연감, 서지데이터베이스 등

Chapter 06 기술능력

① 기술이해능력 : 기술의 개념이나 특징 등 기본적인 개념을 묻거나, 주어진 상황과 개념을 연결시켜 질문하는 유형이다.
② 기술선택능력 : 상황을 제시하고 해당 상황에 적절한 것은 무엇인지 기술 선택 기준에 따라 판단하는 유형 등이 있다.
③ 기술적용능력 : 실무적인 상황을 제시하고 어떤 기술을 적용하여 문제를 해결할 것인지 묻는 등 기술 적용 방법을 묻는 유형이다.

[기술능력] 출제경향

기술능력은 업무 수행할 때 필요한 도구 및 장치, 기술에는 어떤 것이 있는지 이해하고, 업무에 맞는 기술을 선택하여 적용할 수 있는 능력이다. 그에 따라 실무와 연관성이 높은 상황이 제시되는 실무 사례형 문제가 많이 출제되는 편이다. 최근에는 기본적인 개념을 묻는 암기형 문제보다 사례형 문제의 출제빈도가 높아지고 있으므로 이점에 유의하여 문제풀이 연습을 하는 것이 좋다.

[기술능력] 유형별 출제빈도

출제유형	출제빈도									
기술이해능력										
기술선택능력										
기술적용능력										

대표유형문제

기술이해능력

Y그룹 기술연구소에 근무하는 정호는 연구 역량 강화를 위한 업계 워크숍에 참석해 기술 능력이 뛰어난 사람의 특징에 대해 기조 발표를 하려고 한다. 다음 중 정호가 발표에 포함시킬 내용으로 옳지 않은 것은?

① 기술의 체계와 같은 무형의 기술에 대한 능력과는 무관하다.
② 주어진 한계 속에서 제한된 자원을 가지고 일한다.
③ 기술적 해결에 대한 효용성을 평가한다.
④ 실질적 해결을 필요로 하는 문제를 인식한다.

출제의도
기술능력이 뛰어난 사람의 특징에 대해 묻는 문제로 문제의 길이가 길 경우 그 속에 포함된 핵심 어구를 찾는다면 쉽게 풀 수 있는 문제다.

해설
여러 상황 속에서 기술의 체계와 도구를 사용하고 배울 수 있다.

》 ①

기술이해능력

다음은 철재가 알아낸 산업재해 원인과 관련된 자료이다. 다음 자료에 해당하는 산업재해의 기본적인 원인은 무엇인가?

2026년 산업재해 현황분석 자료에 따른 사망자의 수

(단위 : 명)

사망원인	사망자 수
안전 지식의 불충분	120
안전 수칙의 오해	56
경험이나 훈련의 불충분	73
작업관리자의 작업방법 교육 불충분	28
유해 위험 작업 교육 불충분	91
기타	4

① 정책적 원인
② 작업 관리상 원인
③ 기술적 원인
④ 교육적 원인

출제의도
산업재해의 원인은 크게 기본적 원인과 직접적 원인으로 나눌 수 있고 이들 원인은 다시 여러 개의 세부 원인들로 나뉜다. 표에 나와 있는 각각의 원인들이 어디에 속하는지 잘 구분할 수 있어야 한다.

해설
안전 지식의 불충분, 안전 수칙의 오해, 경험이나 훈련의 불충분, 작업관리자의 작업방법 교육 불충분, 유해 위험 작업 교육 불충분 등은 산업재해의 기본적 원인 중 교육적 원인에 해당한다.

》 ④

예제 03 기술선택능력

주현은 건설회사에 근무하면서 프로젝트 관리를 한다. 얼마 전 대규모 프로젝트에 참가한 한 하청업체가 중간 보고회를 열고 자신들이 이번 프로젝트의 성공적 마무리를 위해 노력하고 있음을 설명하고 있다. 다음 중 총괄 책임자로서 주현이 하청업체의 올바른 추진 방향으로 인정해줘야 하는 부분으로 바르게 묶인 것은?

> ㉠ 정부 및 환경단체가 요구하는 성과평가의 실천 방안을 연구하여 반영하고 있습니다.
> ㉡ 이번 프로젝트 성공을 위해 기술적 효용과 함께 환경적 효용도 추구하고 있습니다.
> ㉢ 오염 예방을 위한 청정 생산기술을 진단하고 컨설팅하면서 협력회사와 연대하고 있습니다.
> ㉣ 환경영향평가에 대해서는 철저한 사후평가 방식으로 진행하고 있습니다.

① ㉠, ㉡, ㉢
② ㉠, ㉡, ㉣
③ ㉠, ㉢, ㉣
④ ㉡, ㉢, ㉣

출제의도
실제 현장에서 사용하는 기술들에 대해 바람직한 평가요소는 무엇인지 묻는 문제다.

해설
㉣ 환경영향평가에 대해서는 철저한 사전평가 방식으로 진행해야 한다.

》 ①

예제 04 기술적용능력

다음은 기술경영자의 어떤 부분을 이야기하고 있는가?

> 어떤 일을 마무리하는 데 있어서 6개월의 시간이 걸린다면 그는 그 일을 한 달 안으로 끝낼 것을 원한다. 그에게 강한 밀어붙임을 경험한 사람들은 그에 대해 비판적인 입장을 취하기도 한다. 그의 직원 중 일부는 그 무게를 이겨내지 못하고, 다른 일부의 직원들은 그것을 스스로 더욱 열심히 할 수 있는 자극제로 사용한다고 말한다.

① 빠르고 효과적으로 새로운 기술을 습득하는 능력
② 기술 이전을 효과적으로 할 수 있는 능력
③ 기술 전문 인력을 운용할 수 있는 능력
④ 조직 내의 기술 이용을 수행할 수 있는 능력

출제의도
해당 사례가 기술경영자에게 필요한 능력 중 무엇에 해당하는 내용인지 묻는 문제로 각 능력에 대해 확실하게 이해하고 있어야 한다.

해설
기술경영자는 기술 전문 인력을 운용함에 있어 강한 리더십을 발휘하고 직원 스스로 움직일 수 있게 이끌 수 있어야 한다.

예제 05 기술적용능력

직표는 J그룹의 기술연구팀에서 근무하고 있는데 하루는 공정 개선 워크숍이 열려 최근 사내에서 이슈로 떠오른 신 제조공법의 도입과 관련해 토론을 벌이고 있다. 신 제조공법 도입으로 인한 이해득실에 대해 의견이 분분한 가운데 직표가 할 수 있는 발언으로 옳지 않은 것은?

① "기술의 수명 주기뿐만 아니라 기술의 전략적 중요성과 잠재적 응용 가능성 등도 따져 봐야 합니다."
② "다른 것은 그냥 넘어가도 되지만 기계 교체로 인한 막대한 비용만큼은 철저히 고려해야 합니다."
③ "신 제조공법 도입이 우리 회사의 어떤 시장 전략과 연관되어 있는지 궁금합니다."
④ "신 제조공법의 수명을 어떻게 예상하고 있는지 알고 싶군요."

출제의도
기술적용능력에 대해 포괄적으로 묻는 문제로 신기술 적용 시 중요하게 생각해야 할 요소로는 무엇이 있는지 파악하고 있어야 한다.

해설
② 기계 교체로 인한 막대한 비용뿐만 아니라 신 기술도입과 관련된 모든 사항에 대해 사전에 철저히 고려해야 한다.

》 ②

1 다음은 K사의 드론 사용 설명서이다. 아래 부품별 기능표를 참고할 때, 360도 회전비행을 하기 위하여 조작해야 할 버튼이 순서대로 알맞게 연결된 것은?

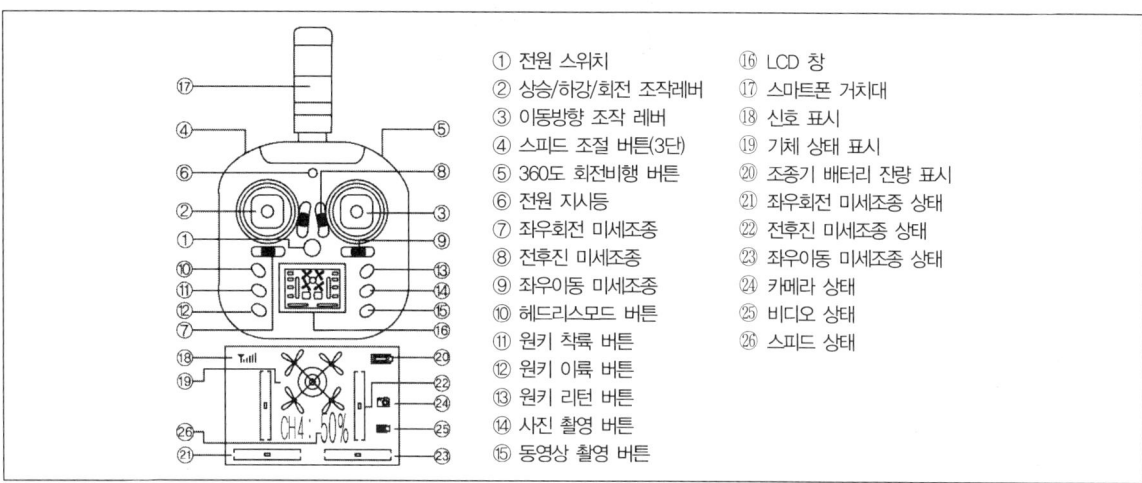

① 전원 스위치
② 상승/하강/회전 조작레버
③ 이동방향 조작 레버
④ 스피드 조절 버튼(3단)
⑤ 360도 회전비행 버튼
⑥ 전원 지시등
⑦ 좌우회전 미세조종
⑧ 전후진 미세조종
⑨ 좌우이동 미세조종
⑩ 헤드리스모드 버튼
⑪ 원키 착륙 버튼
⑫ 원키 이륙 버튼
⑬ 원키 리턴 버튼
⑭ 사진 촬영 버튼
⑮ 동영상 촬영 버튼
⑯ LCD 창
⑰ 스마트폰 거치대
⑱ 신호 표시
⑲ 기체 상태 표시
⑳ 조종기 배터리 잔량 표시
㉑ 좌우회전 미세조종 상태
㉒ 전후진 미세조종 상태
㉓ 좌우이동 미세조종 상태
㉔ 카메라 상태
㉕ 비디오 상태
㉖ 스피드 상태

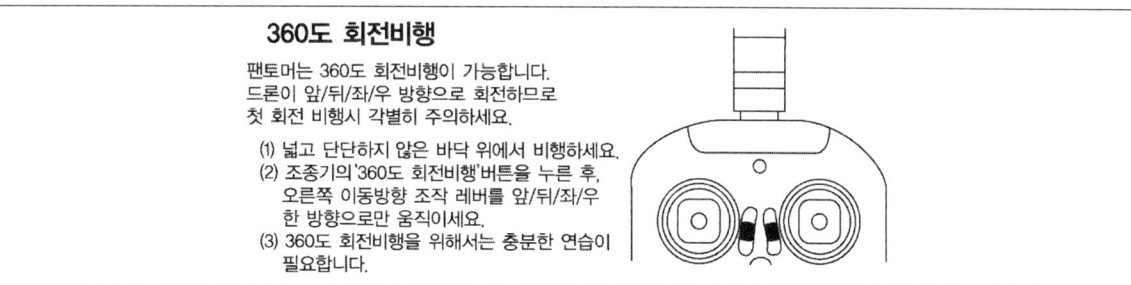

360도 회전비행

팬토머는 360도 회전비행이 가능합니다.
드론이 앞/뒤/좌/우 방향으로 회전하므로
첫 회전 비행시 각별히 주의하세요.

(1) 넓고 단단하지 않은 바닥 위에서 비행하세요.
(2) 조종기의 '360도 회전비행' 버튼을 누른 후,
    오른쪽 이동방향 조작 레버를 앞/뒤/좌/우
    한 방향으로만 움직이세요.
(3) 360도 회전비행을 위해서는 충분한 연습이
    필요합니다.

① ③번 버튼 – ⑤번 버튼
② ②번 버튼 – ⑤번 버튼
③ ⑤번 버튼 – ②번 버튼
④ ⑤번 버튼 – ③번 버튼

> **✔해설** ④ 360도 회전비행을 위해서는 360도 회전비행을 먼저 눌러야 하며 부품별 기능표의 ⑤번 버튼이 이에 해당한다. 다음으로 오른쪽 이동방향 조작 레버를 원하는 방향으로 조작하여야 하므로 ③번 버튼이 이에 해당한다.

ANSWER 1.④

2 다음은 ISBN 코드와 13자리 번호체계를 설명하는 자료이다. 다음 내용을 참고로 할 때, 빈 칸 'A'에 들어갈 마지막 '체크기호'의 숫자는?

〈체크기호 계산법〉

- 1단계 – ISBN 처음 12자리 숫자에 가중치 1과 3을 번갈아 가며 곱한다.
- 2단계 – 각 가중치를 곱한 값들의 합을 계산한다.
- 3단계 – 가중치의 합을 10으로 나눈다.
- 4단계 – 3단계의 나머지 값을 10에서 뺀 값이 체크기호가 된다. 단 나머지가 0인 경우의 체크기호는 0이다.

ISBN 938-15-93347-12-(A)

① 5

② 6

③ 7

④ 8

 해설 1단계

9	3	8	1	5	9	3	3	4	7	1	2
×1	×3	×1	×3	×1	×3	×1	×3	×1	×3	×1	×3
=9	=9	=8	=3	=5	=27	=3	=9	=4	=21	=1	=6

2단계

$9+9+8+3+5+27+3+9+4+21+1+6 = 105$

3단계

$105 \div 10 = 10$ 나머지 5

4단계

$10-5 = 5$

따라서 체크기호는 5가 된다.

3 기술융합이란 4대 핵심기술인 나노기술(NT), 생명공학기술(BT), 정보기술(IT), 인지과학(Cognitive science)이 상호 의존적으로 결합되는 것을 의미한다. 다음 중 자동차에 이용된 융합 기술이 아닌 것은?

① 증강현실을 이용한 차량 정보 통합 기술
② 운행시의 사고요소 감지 기술
③ 자동 속도 제어 기술
④ 친환경 하이브리드 자동차 기술

✔해설 ④ 자동차 산업에는 정보기술과 인지과학의 융합이 주요 분야로 개발될 수 있다. 친환경 하이브리드 자동차는 연료 체계와 전력 계통 기술 발달의 결과로 볼 수 있으며 언급된 4대 핵심기술 융합의 결과로 보기에는 적절하지 않다.

4 다음은 새로 구입한 TV에 이상이 생긴 경우 취할 수 있는 조치방법에 관한 사용자 매뉴얼의 일부 내용이다. ㉠ ~ ㉣ 중, 사용자 매뉴얼의 다른 항목 사용법을 추가로 확인해 보아야 할 필요가 없는 것은?

TV가 이상해요	이렇게 해 보세요
㉠ 화면이 전체화면으로 표시되지 않아요.	HD 채널에서 일반 화질(4 : 3)의 콘텐츠가 재생되면 화면 양쪽에 검은색 여백이 나타납니다. 화면 비율이 TV와 다른 영화를 감상할 때, 화면 위/아래에 검은색 여백이 생겨납니다. 외부 기기의 화면 크기를 조정하거나 TV를 전체 화면으로 설정하세요.
㉡ '지원하지 않는 모드입니다.' 라는 메시지가 나타났어요.	TV에서 지원하는 해상도인지 확인하고 이에 따라 외부 기기의 출력 해상도를 조정하세요.
㉢ TV 메뉴에서 자막이 회색으로 표시돼요.	외부 기기가 HDMI 케이블로 연결된 경우 자막 메뉴를 사용할 수 없습니다. 외부 기기의 자막 기능이 활성화되어 있어야 합니다.
㉣ 화면에 왜곡 현상이 생겨요.	특히 스포츠나 액션 영화 같이 빠르게 움직이는 화면에서 동영상 콘텐츠의 압축 때문에 화면 왜곡 현상이 나타날 수 있습니다. 신호가 약하거나 좋지 않은 신호는 화면 왜곡을 유발할 수 있으며, TV 근처(1m 이내)에 휴대폰이 있다면 아날로그와 디지털 채널의 화면에 노이즈가 발생할 수 있습니다.

① ㉠
② ㉡
③ ㉢
④ ㉣

✔해설 ④ 이상 현상을 해결하기 위해서는 화면 크기 조정법(㉠), 외부 기기 해상도 조정법(㉡), 외부 기기 자막 활성화 방법(㉢) 등을 확인하여야 하나, ㉣의 경우는 별도의 사용법을 참고할 필요가 없는 이상 현상이다.

ANSWER 2.① 3.④ 4.④

5 기술혁신은 기존의 기술적 특성과는 조금 다른 양상을 보인다. 다음 글의 내용이 암시하는 기술혁신에 수반되는 특성은?

성수대교는 길이 1,161m, 너비 19.4m(4차선)로 1977년 4월에 착공해서 1979년 10월에 준공한, 한강에 11번째로 건설된 다리이다. 성수대교는 15년 동안 별 문제없이 사용되다가 1994년 10월 21일 오전 7시 40분경 다리의 북단 5번째와 6번째 교각 사이 상판 50여 미터가 내려앉는 사고가 발생하여 시민 32명이 사망하고 17명이 부상을 입었다. 이 사고는 오랫동안 별다른 문제가 없던 다리가 갑자기 붕괴된 것으로, 이후 삼풍백화점 붕괴사고, 지하철 공사장 붕괴사고 등 일련의 대형 참사의 서곡을 알린 사건으로 국민들에게 충격을 안겨 주었다. 전문조사단은 오랜 조사를 통해 성수대교 붕괴의 원인을 크게 두 가지로 밝혔다. 첫 번째는 부실시공이었고, 두 번째는 서울시의 관리 소홀이었다.

---

① 새로운 기술을 개발하기 위한 아이디어의 원천이나 신제품에 대한 소비자의 수요, 기술 개발의 결과 등은 예측하기가 어렵다. 또한 기술 개발에 대한 기업의 투자가 가시적인 성과로 나타나기까지는 비교적 장시간을 필요로 한다.

② 기술혁신은 지식집약적인 활동이라 연구개발에 참가한 연구원과 엔지니어들이 그 기업을 떠나는 경우 기술과 지식의 손실이 크게 발생하여 기술 개발을 지속할 수 없는 경우가 종종 발생한다.

③ 기술혁신은 조직의 이해관계자 간의 갈등이 구조적으로 존재하게 된다. 이 과정에서 조직 내에서 이익을 보는 집단과 손해를 보는 집단이 생길 수 있으며, 이들 간에 기술 개발의 대안을 놓고 상호 대립하고 충돌하여 갈등을 일으킬 수 있다.

④ 기술은 새로운 발명과 혁신을 통해서 우리의 삶을 윤택하게 바꾼다. 그렇지만 기술의 영향은 항상 긍정적인 방식으로만 나타나지는 않고 있으며, 실패한 기술은 사회적 악영향을 낳을 수 있다.

> ✔해설 ④ 새로운 기술은 전례없는 규모로 사람을 살상하고, 환경을 오염시키고, 새로운 위험과 불확실성을 만들어내고, 기타 각종 범죄의 도구로 사용되기도 한다. 부실시공에 관리 불량이 겹쳐서 발생한 성수대교 붕괴사고는 일단 짓고 보자는 식의 급속한 성장만을 추구하던 우리나라의 단면을 상징적으로 잘 보여준 것이다.

---

6 기술 선택이란 기업이 어떤 기술을 외부로부터 도입하거나 자체 개발하여 활용할 것인가를 결정하는 것이다. 다음과 같이 이러한 기술 선택의 방법을 기술한 것 중 적절하지 않은 것은?

① 기술 선택을 하기 위해서는 제품의 성능이나 원가에 미치는 영향력이 큰 기술인지를 결정하여야 한다.

② 기업 간에 모방이 쉬운 기술은 효과적인 기술 선택이라고 볼 수 없다.

③ 기술 개발 실무를 담당하는 기술자들의 흥미를 유발하고, 그들의 창의적인 아이디어를 활용할 수 있는 방법을 상향식 기술 선택이라고 한다.

④ 쉽게 최신 기술로 대체될 가능성이 큰 기술일수록 선택도가 높은 기술이다.

> ✔해설 ④ 최신 기술로 진부화 될 가능성이 적고 모방이 어려운 기술일수록 활용도가 높아 선택하여야 할 기술이다.
> ③ 상향식 기술 선택은 기업 전체 차원에서 필요한 기술에 대한 체계적인 분석이나 검토 없이 연구자나 엔지니어들이 자율적으로 기술을 선택하는 것이다.

7 다음 글에서 소개된 음식물 쓰레기 관리시스템에 사용된 기술이 일상생활에 적용된 사례로 적절하지 않은 것은?

> 전국 아파트 942만 가구에 '무선인식(RFID) 음식물 쓰레기 종량기' 설치가 의무화된다. 비용 부담 방식은 정해지지 않았지만 아파트 단지 입주자에게 국비를 일부 지원해주는 형태가 될 가능성이 높다.
>
> 20일 관계자는 "전국 아파트 단지 내 RFID 종량기 설치를 완료할 계획"이라며 "이후 단독주택과 소형음식점으로도 설치 의무 대상을 확대할 것"이라고 밝혔다.
>
> RFID 종량기 설치 의무화는 정부가 지난 4일 발표한 '자원순환기본계획'에 따라 폐기물 발생을 최소화하기 위한 정책의 일환이다. RFID 종량기는 음식물 쓰레기를 버리면 무게에 따라 수수료를 부과하는 기계다. 음식물 쓰레기를 최대 35% 줄이는 효과가 있다.
>
> 적용 대상은 전국의 의무관리대상 아파트다. RFID 종량기의 특성상 운영을 위한 관리 인력이 필수이기 때문이다. 공동주택관리법상 의무관리대상 아파트는 300가구 이상 공동주택이나 승강기가 설치된 150가구 이상 공동주택이 해당한다. 지난달 기준 전국 1만 5,914단지 941만 7,975가구 규모. 이 중 350~400만 가구는 이미 RFID 종량기 설치를 완료한 상태로 파악된다.
>
> 설치비용은 1대당 175만 원 수준이다. RFID는 가구 밀집도에 따라 50~80가구당 1대를 설치하는 것이 일반적이다. 1,000가구 규모 대단지의 경우 최대 3,500만 원 가량의 비용이 발생할 것으로 보인다.

① 교통카드와 고속도로 하이패스

② 농산물의 이력 관리

③ 직원들의 근태관리 및 출입 통제

④ 편의점에서 스캐닝을 통하여 판매되는 음료수

> ✔**해설** ④ 편의점에서 스캐닝을 통하여 판매되는 음료수는 바코드 인식 기술이 적용된 사례이다.
> RFID는 무선 주파수(RF, Radio Frequency)를 이용하여 물건이나 사람 등과 같은 대상을 식별(IDentification)할 수 있도록 해 주는 기술을 말한다. RFID는 안테나와 칩으로 구성된 RFID 태그에 정보를 저장하여 적용 대상에 부착한 후, RFID 리더를 통하여 정보를 인식하는 방법으로 활용된다. RFID는 기존의 바코드를 읽는 것과 비슷한 방식으로 이용된다. 그러나 바코드와는 달리 물체에 직접 접촉을 하거나 어떤 조준선을 사용하지 않고도 데이터를 인식할 수 있다. 또한, 여러 개의 정보를 동시에 인식하거나 수정할 수도 있으며, 태그와 리더 사이에 장애물이 있어도 정보를 인식하는 것이 가능하다.

ANSWER 5.④ 6.④ 7.④

〈실외기 설치 시 주의사항〉

실외기는 다음의 장소를 선택하여 설치하십시오.
• 실외기 토출구에서 발생되는 뜨거운 바람 및 실외기 소음이 이웃에 영향을 미치지 않는 장소에 설치하세요. (주거지역에 설치 시, 운전 시간대에 유의하여 주세요.)
• 실외기를 도로상에 설치 시, 2M 이상의 높이에 설치하거나, 토출되는 열기가 보행자에게 직접 닿지 않도록 설치하세요. (건축물의 설비 기준 등에 관한 규칙으로 꼭 지켜야 하는 사항입니다.)
• 보수 및 점검을 위한 서비스 공간이 충분히 확보되는 장소에 설치하세요.
• 공기 순환이 잘 되는 곳에 설치하세요.(공기가 순환되지 않으면, 안전장치가 작동하여 정상적인 운전이 되지 않을 수 있습니다.)
• 직사광선 또는 직접 열원으로부터 복사열을 받지 않는 곳에 설치하여야 운전비가 절약됩니다.
• 실외기의 중량과 운전 시 발생되는 진동을 충분히 견딜 수 있는 장소에 설치하세요. (강도가 약할 경우, 실외기가 넘어져 사고의 위험이 있습니다.)
• 빗물이 새거나 고일 우려가 없는 평평한 장소에 설치하세요.
• 황산화물, 암모니아, 유황가스 등과 같은 부식성 가스가 존재하는 곳에 실내기 및 실외기를 설치하지 마세요.
• 해안지역과 같이 염분이 다량 함유된 지역에 설치 시, 부식의 우려가 있으므로 특별한 유지관리가 필요합니다.
• 히트펌프의 경우, 실외기에서도 드레인이 발생됨으로 배수 처리 및 설치되는 바닥의 방수가 용이한 곳에 설치하세요. (배수가 용이하지 않을 경우, 물이 얼어 낙하사고와 제품 파손이 될 수 있으므로 각별한 주의가 필요합니다.)
• 강풍이 불지 않는 장소에 설치하여 주세요.
• 실내기와 실외기의 냉매 배관 허용 길이 내에 배관 접속이 가능한 장소에 설치하세요.

8 실외기 설치 주의사항에서 설명한 내용에 부합되는 방법이라고 볼 수 없는 것은?

① 실외기를 콘크리트 바닥면에 설치 시 기초지반 사이에 방진패드를 설치하였다.
② 실외기 토출구 열기가 보행자에게 닿지 않도록 토출구를 안쪽으로 돌려 설치하였다.
③ 실외기를 안착시킨 후 앵커볼트를 이용하여 제품을 단단히 고정하였다.
④ 주변에 배수구가 있는 베란다 창문 옆에 설치하였다.

✔해설 ② 보행자에게 토출구에서 나오는 바람이 닿지 않도록 하는 것은 설치 시 주의해야 할 사항이나, 토출구를 안쪽으로 돌려 설치하는 것은 뜨거운 공기가 내부로 유입될 수 있어 올바른 설치 방법으로 볼 수 없다.

9 다음은 에어컨 설치 순서를 그림으로 나타낸 것이다. 위의 실외기 설치 시 주의사항을 참고할 때 빈 칸에 들어갈 가장 적절한 말은?

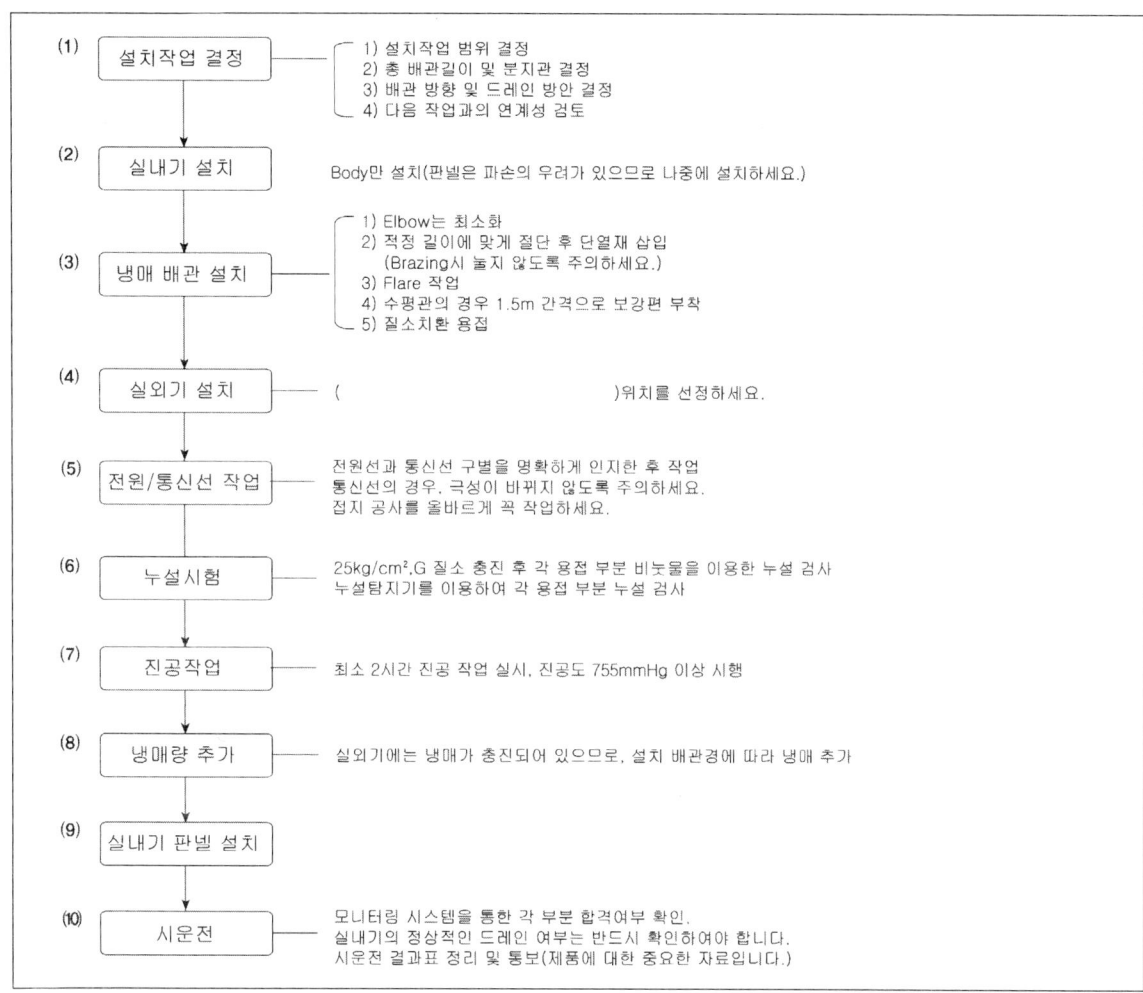

(1)	설치작업 결정	┌ 1) 설치작업 범위 결정 │ 2) 총 배관길이 및 분지관 결정 │ 3) 배관 방향 및 드레인 방안 결정 └ 4) 다음 작업과의 연계성 검토
(2)	실내기 설치	Body만 설치(판넬은 파손의 우려가 있으므로 나중에 설치하세요.)
(3)	냉매 배관 설치	┌ 1) Elbow는 최소화 │ 2) 적정 길이에 맞게 절단 후 단열재 삽입 │ (Brazing시 눋지 않도록 주의하세요.) │ 3) Flare 작업 │ 4) 수평관의 경우 1.5m 간격으로 보강편 부착 └ 5) 질소치환 용접
(4)	실외기 설치	( )위치를 선정하세요.
(5)	전원/통신선 작업	전원선과 통신선 구별을 명확하게 인지한 후 작업 통신선의 경우, 극성이 바뀌지 않도록 주의하세요. 접지 공사를 올바르게 꼭 작업하세요.
(6)	누설시험	25kg/cm².G 질소 충진 후 각 용접 부분 비눗물을 이용한 누설 검사 누설탐지기를 이용하여 각 용접 부분 누설 검사
(7)	진공작업	최소 2시간 진공 작업 실시, 진공도 755mmHg 이상 시행
(8)	냉매량 추가	실외기에는 냉매가 충진되어 있으므로, 설치 배관경에 따라 냉매 추가
(9)	실내기 판넬 설치	
(10)	시운전	모니터링 시스템을 통한 각 부분 합격여부 확인. 실내기의 정상적인 드레인 여부는 반드시 확인하여야 합니다. 시운전 결과표 정리 및 통보(제품에 대한 중요한 자료입니다.)

① 전원의 위치 및 전선의 길이를 감안한

② 이웃에 설치된 실외기와의 적정 공간을 감안한

③ 집밖에서 보았을 때 전체적인 미관을 손상시키는지를 감안한

④ 배관에 냉매가 충진되어 있으므로 배관 길이를 감안한

✔**해설** ④ 실외기 설치 시 주의사항에서는 실외기에서 토출되는 바람, 공기 순환, 보수 점검을 위한 공간, 지반의 강도, 배관의 길이 등을 감안한 위치 선정을 언급하고 있다. 따라서 '배관 내 충진된 냉매를 고려한 배관 길이'가 실외기 설치 장소의 주요 감안 요건이 된다.

ANSWER 8.② 9.④

10 다음의 명령어를 참고할 때, 아래와 같은 모양의 변화가 일어나기 위하여 누른 두 번의 스위치 순서로 옳은 것은?

스위치	기능
○	1번, 2번 도형을 시계방향으로 90도 회전함
●	3번, 4번 도형을 시계방향으로 90도 회전함
◇	1번, 4번 도형을 시계반대방향으로 90도 회전함
◆	2번, 3번 도형을 시계반대방향으로 90도 회전함
□	모든 도형을 시계방향으로 90도 회전함
■	모든 도형을 시계반대방향으로 90도 회전함

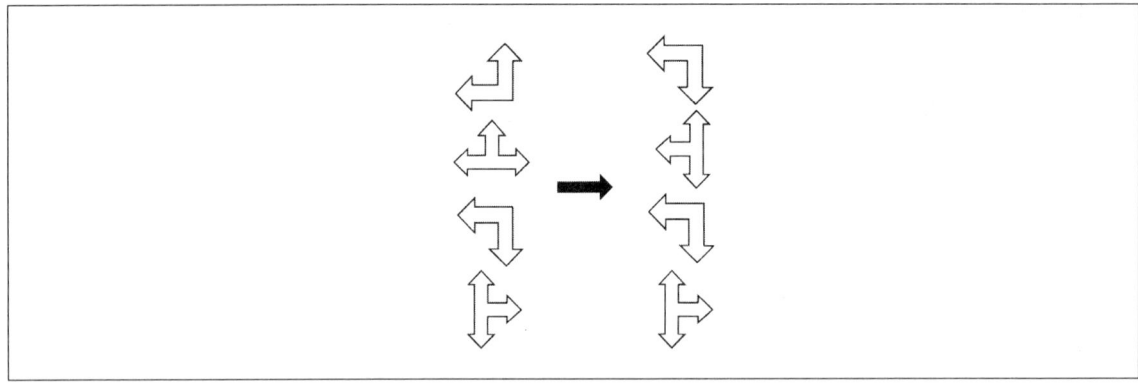

① ◆, □

② ●, ◇

③ ■, ●

④ ◇, ■

✔ **해설** ③ ■와 ● 버튼을 순서대로 눌러서 다음 과정을 거친 모양의 변화이다.

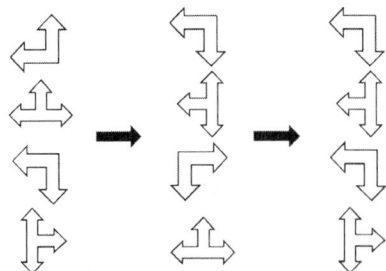

11 다음 중 기술능력이 뛰어난 사람의 특징에 대한 설명으로 옳지 않은 것은?

① 실질적 해결을 필요로 하는 문제를 인식한다.

② 기술의 체계가 아닌 도구를 사용하고 배울 수 있다.

③ 주어진 한계 속에서 제한된 자원을 가지고 일한다.

④ 기술적 해결에 대한 효용성을 평가한다.

✔해설 ② 여러 상황 속에서 기술의 체계와 도구를 사용하고 배울 수 있다.

12 다음에서 설명하고 있는 기술은 무엇인가?

지금 우리의 현재 욕구를 충족시키면서 동시에 후속 세대의 욕구 충족을 침해하지 않는 발전이다.

① E-learning을 활용한 기술

② 전문 연수원을 통한 기술

③ 지속가능한 시스템 기술

④ 재생에너지 기술

✔해설 지속가능한 기술
㉠ 이용 가능한 자원과 에너지를 고려하는 기술
㉡ 자원이 사용되고 그것이 재생산되는 비율의 조화를 추구하는 기술
㉢ 자원의 질을 생각하는 기술
㉣ 자원이 생산적인 방식으로 사용되는가에 주의를 기울이는 기술

13 다음 중 산업 재해의 기본적 원인이 아닌 것은?

① 직업적 원인

② 교육적 원인

③ 기술적 원인

④ 작업 관리상 원인

✔해설 산업 재해의 기본적 원인
㉠ 교육적 원인 : 안전 지식의 불충분, 안전 수칙의 오해, 경험이나 훈련의 불충분과 작업관리자의 작업 방법의 교육 불충분, 유해 위험 작업 교육 불충분 등
㉡ 기술적 원인 : 건물·기계 장치의 설계 불량, 구조물의 불안정, 재료의 부적합, 생산 공정의 부적당, 점검·정비·보존의 불량 등
㉢ 작업 관리상 원인 : 안전 관리 조직의 결함, 안전 수칙 미제정, 작업 준비 불충분, 인원 배치 및 작업 지시 부적당 등

14 매뉴얼을 만들 때 유의해야 할 점으로 옳지 않은 것은?

① 내용이 정확해야 한다.

② 전문가가 알기 쉬운 문장으로 쓰여야 한다.

③ 사용자의 심리적 배려가 있어야 한다.

④ 사용자가 찾고자 하는 정보를 쉽게 찾을 수 있어야 한다.

✔ 해설 ② 사용자가 알기 쉬운 문장으로 쓰여야 한다.

❚15~18❚ 다음은 그래프 구성 명령어 실행 예시이다. 다음 물음에 답하시오.

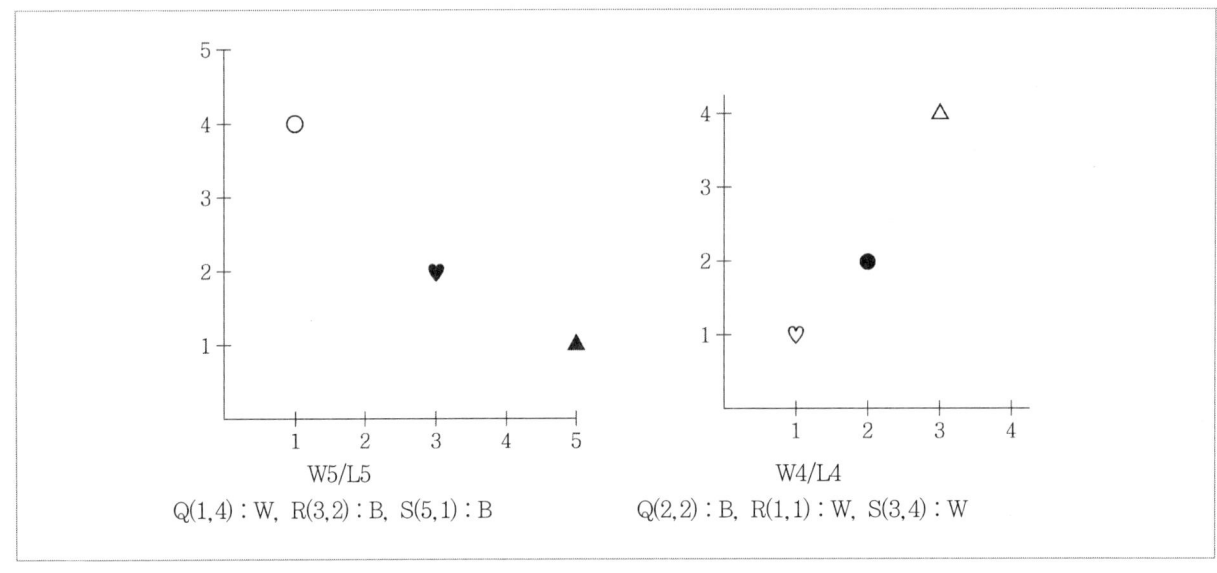

W5/L5

Q(1,4) : W, R(3,2) : B, S(5,1) : B

W4/L4

Q(2,2) : B, R(1,1) : W, S(3,4) : W

15 다음 그래프에 알맞은 명령어는 무엇인가?

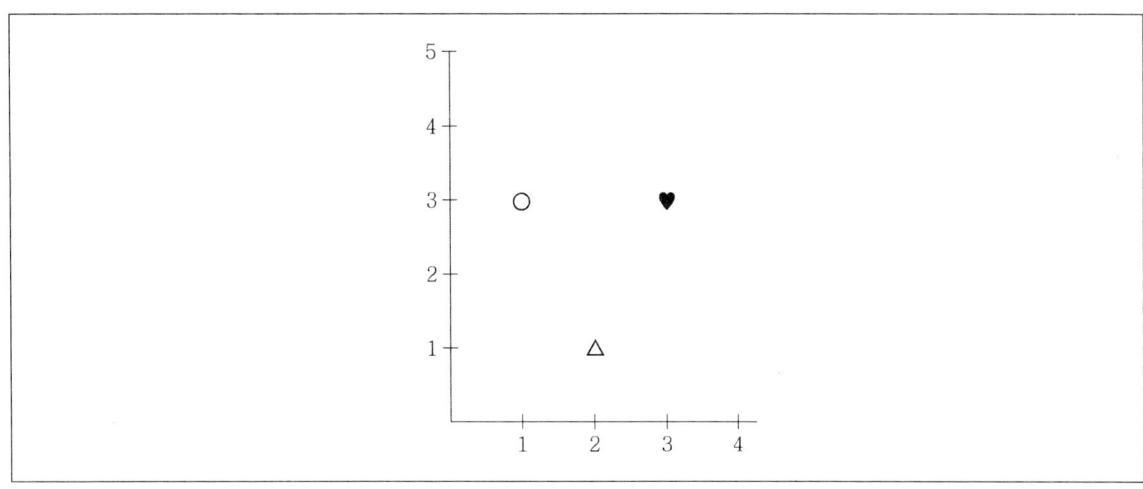

① W4/L5

   Q(1,3) : W, R(3,3) : B, S(2,1) : W

② W5/L4

   Q(1,3) : B, R(3,3) : B, S(1,2) : B

③ W4/L5

   Q(3,1) : W, R(3,3) : W, S(2,1) : W

④ W5/L4

   Q(3,1) : W, R(3,3) : W, S(2,1) : B

✔해설 ① 예시의 그래프를 분석하면 W는 가로축, L은 세로축의 눈금수이다. Q, R, S는 그래프 내의 도형 ○,
♡, △를 나타내며, 괄호 안의 수는 도형의 가로세로 좌표이다. 좌표 뒤의 B, W는 도형의 색깔로 각각
Black(검정색), White(흰색)을 의미한다.
이 분석을 주어진 그래프에 대입해보면, 가로축은 W4, 세로축은 L5이며, 동그라미 도형은 Q(1,3) : W,
하트 도형은 R(3,3) : B, 세모 도형은 S(2,1) : W이다.

16 다음 그래프에 알맞은 명령어는 무엇인가?

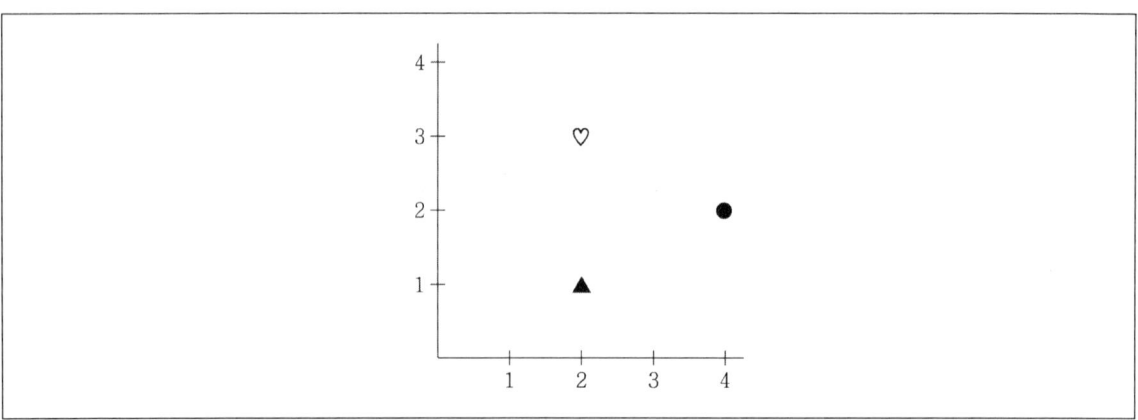

① W4/L4

    Q(4,2) : W, R(3,2) : W, S(2,1) : B

② W5/L5

    Q(2,4) : W, R(3,2) : W, S(1,2) : B

③ W4/L4

    Q(4,2) : B, R(2,3) : W, S(2,1) : B

④ W5/L5

    Q(4,2) : B, R(2,3) : W, S(2,1) : W

    ✔해설 ③ 가로축은 W4, 세로축은 L4이며, 동그라미 도형은 Q(4,2) : B, 하트 도형은 R(2,3) : W, 세모 도형은 S(2,1) : B이다.

17 W3/L5 Q(2,3) : B, R(1,4) : B, S(3,1) : B의 그래프를 산출할 때, 오류가 발생하여 아래와 같은 그래프가 산출되었다. 다음 중 오류가 발생한 값은?

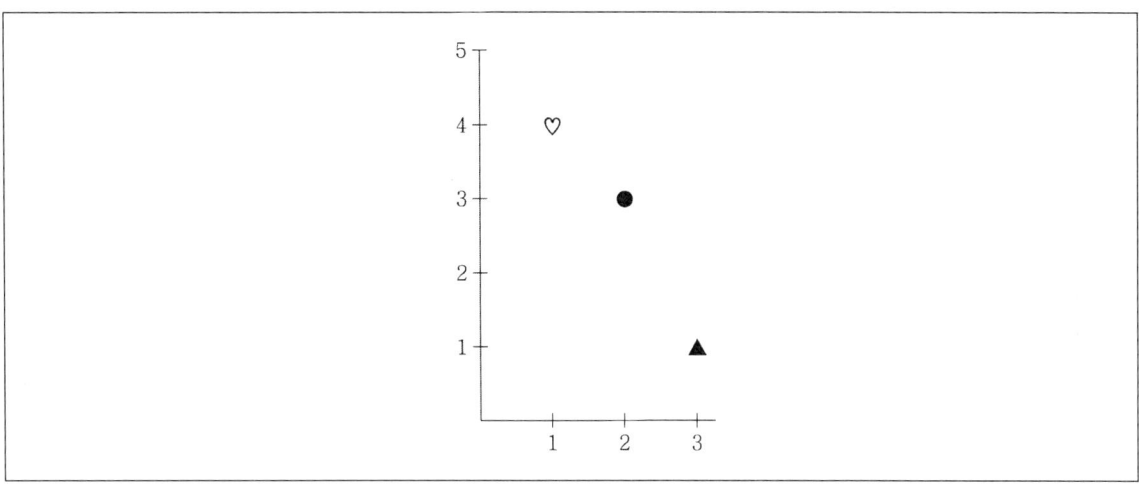

① W3/L5
② Q(2,3) : B
③ R(1,4) : B
④ S(3,1) : B

✔해설 ③ 하트 도형 R(1,4) : B에서 오류가 발생하였다. 옳게 산출된 그래프는 다음과 같다.

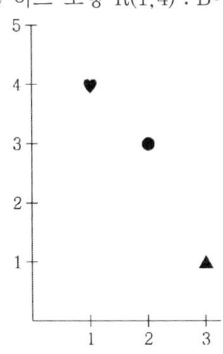

18 W4/L4 Q(4,4) : W, R(1,3) : B, S(3,4) : W의 그래프를 산출 할 때, 오류가 발생하여 아래와 같은 그래프가 산출되었다. 다음 중 오류가 발생한 값은?

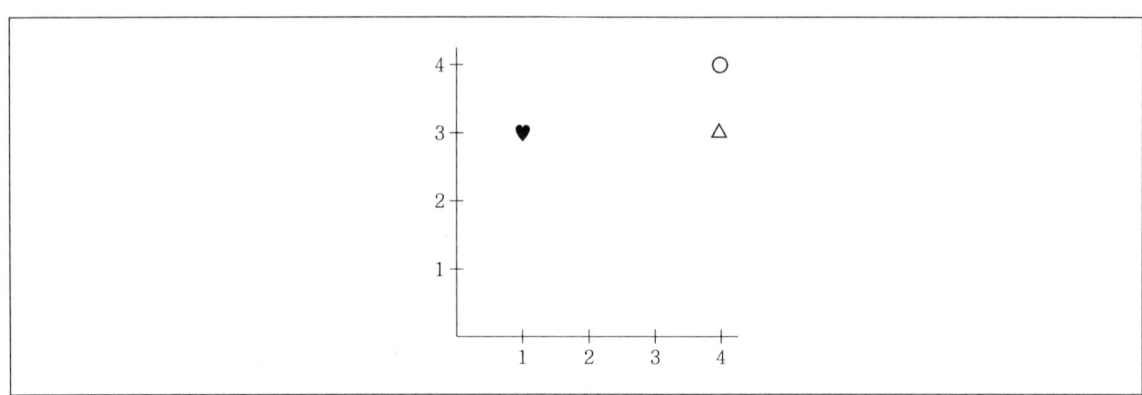

① W4/L4

② Q(4,4) : W

③ R(1,3) : B

④ S(3,4) : W

✔해설 ④ 세모 도형 S(3,4) : W에서 오류가 발생하였다. 옳게 산출된 그래프는 다음과 같다.

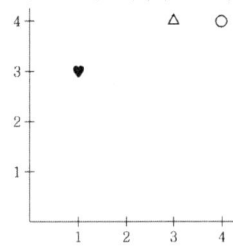

|19~21 | 다음 표를 참고하여 질문에 답하시오.

스위치	기능
○	1번과 2번 기계를 180도 회전시킨다.
●	1번과 3번 기계를 180도 회전시킨다.
♧	2번과 3번 기계를 180도 회전시킨다.
♣	2번과 4번 기계를 180도 회전시킨다.

19 처음 상태에서 스위치를 두 번 눌렀더니 다음과 같이 바뀌었다. 어떤 스위치를 눌렀는가?

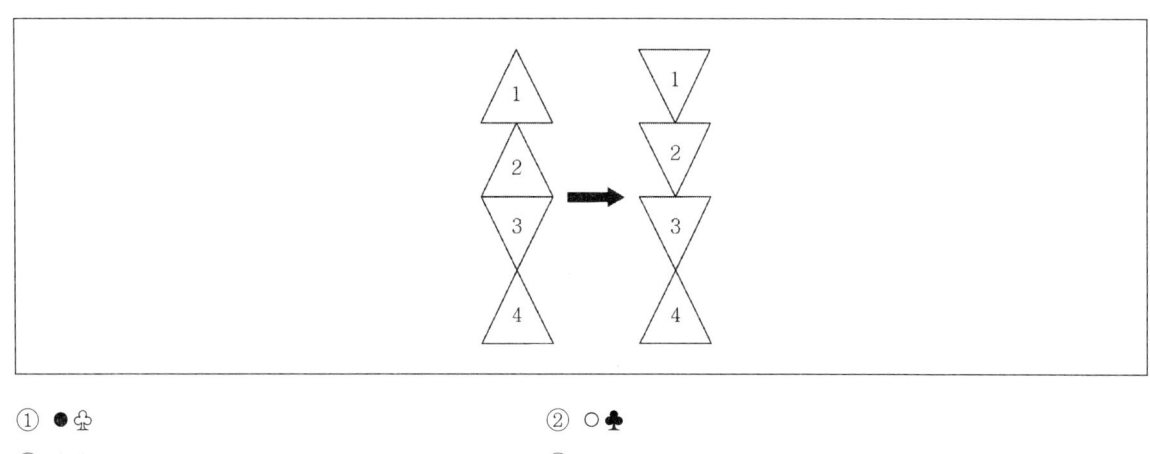

① ●♧   ② ○♣

③ ♧♣   ④ ○●

> **✔해설** ① 첫 번째 상태와 나중 상태를 비교해 보았을 때, 기계의 모양이 바뀐 것은 1번과 2번이다. 스위치를 두 번 눌러서 1번과 2번의 모양을 바꾸려면 1번과 3번을 회전시키고(●), 2번과 3번을 다시 회전시키면(♧) 된다.

20 처음 상태에서 스위치를 두 번 눌렀더니 다음과 같이 바뀌었다. 어떤 스위치를 눌렀는가?

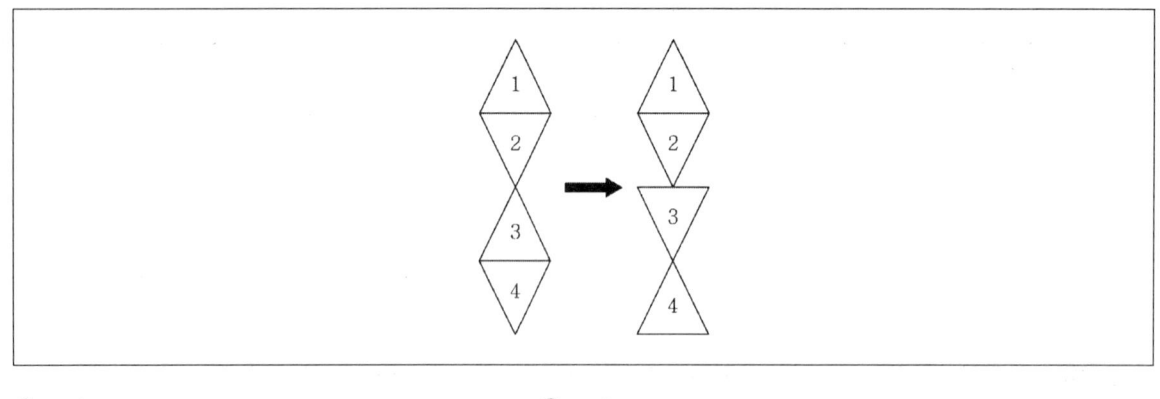

① ●♣

② ○♣

③ ○●

④ ♧♣

✔해설 ④ 첫 번째 상태와 나중 상태를 비교해 보았을 때, 기계의 모양이 바뀐 것은 3번과 4번이다. 스위치를 두 번 눌러서 3번과 4번의 모양을 바꾸려면 2번과 3번을 회전시키고(♧), 2번과 4번을 다시 회전시키면(♣) 된다.

21 처음 상태에서 스위치를 세 번 눌렀더니 다음과 같이 바뀌었다. 어떤 스위치를 눌렀는가?

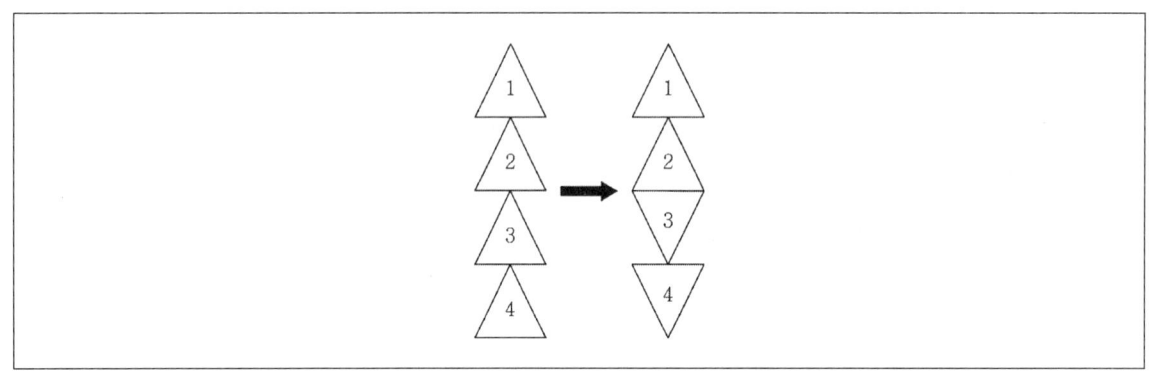

① ○●♧

② ○●♣

③ ○♧♣

④ ●♧♣

✔해설 ② 첫 번째 상태와 나중 상태를 비교해 보았을 때, 기계의 모양이 바뀐 것은 3번과 4번이다. 1번과 2번을 회전시키고(○), 1번과 3번을 회전 시키면(●) 1번은 원래 모양으로 돌아간다. 이 상태에서 2번과 4번을 회전시키면(♣) 2번도 원래 모양으로 돌아가고 3번과 4번의 모양만 바뀌게 된다.

스위치	기능
○	1번과 2번 기계를 180도 회전시킨다.
●	1번과 3번 기계를 180도 회전시킨다.
♣	2번과 3번 기계를 180도 회전시킨다.
♠	2번과 4번 기계를 180도 회전시킨다.
◐	1번과 2번 기계의 작동상태를 다른 상태로 바꾼다. (운전→정지, 정지→운전)
◑	3번과 4번 기계의 작동상태를 다른 상태로 바꾼다. (운전→정지, 정지→운전)
♥	모든 기계의 작동상태를 다른 상태로 바꾼다. (운전→정지, 정지→운전)

$\triangle$ 숫자 = 정지 $\blacktriangle$ 숫자 = 운전

22 처음 상태에서 스위치를 두 번 눌렀더니 다음과 같이 바뀌었다. 어떤 스위치를 눌렀는가?

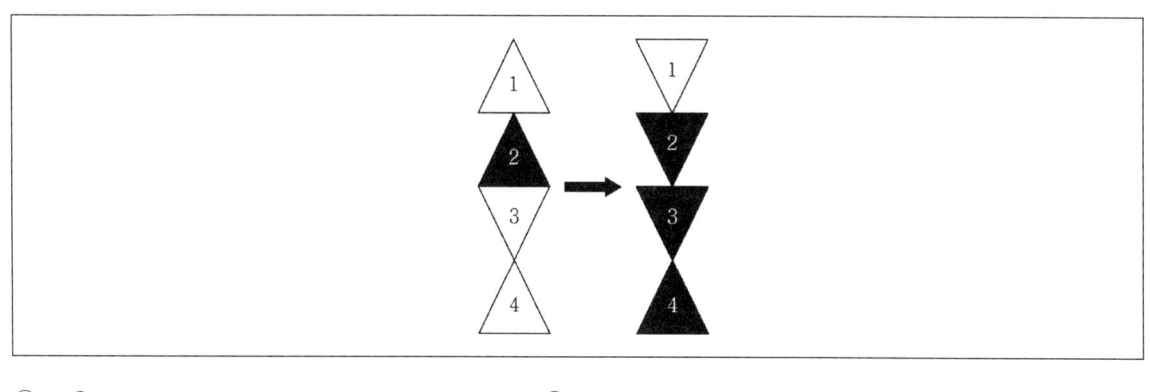

① ○◑

② ♣◑

③ ♠◐

④ ○◐

✔️해설 ④ 첫 번째 상태와 나중 상태를 비교해 보았을 때, 기계의 모양이 바뀐 것은 1번과 2번이며, 작동상태가 바뀐 것은 3번과 4번이다. 스위치를 두 번 눌러서 이 상태가 되려면 1번과 2번을 회전시키고(○) 3번과 4번의 작동상태를 바꾸면(◑) 된다.

ANSWER 20.④ 21.② 22.④

23 처음 상태에서 스위치를 세 번 눌렀더니 다음과 같이 바뀌었다. 어떤 스위치를 눌렀는가?

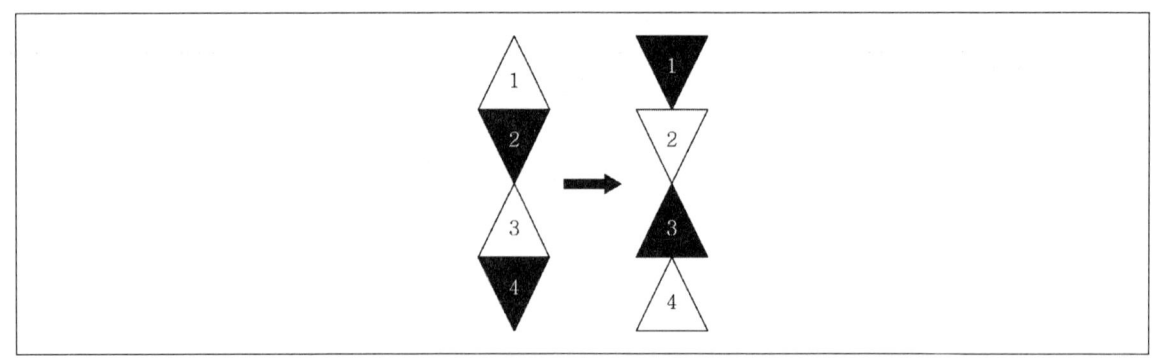

① ○●◑

② ○♣◑

③ ○♣♥

④ ○♧♥

✔ 해설 ③ 첫 번째 상태와 나중 상태를 비교해 보았을 때, 기계의 모양이 바뀐 것은 1번과 4번이며, 모든 기계의 작동 상태가 바뀌어 있다. 1번과 2번 기계를 회전시키고(○), 2번과 4번을 회전시키면(♣) 2번은 원래의 모양으로 돌아온다. 이 상태에서 모든 기계의 작동 상태를 바꾸면(♥) 된다.

24 처음 상태에서 스위치를 세 번 눌렀더니 다음과 같이 바뀌었다. 어떤 스위치를 눌렀는가?

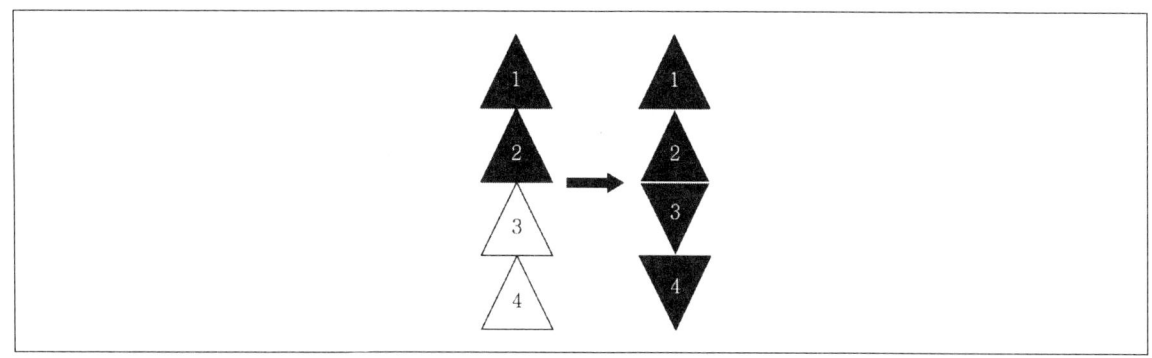

① ●♣◑

② ○●◐

③ ●◑◑

④ ♧♣◑

✔해설 ④ 첫 번째 상태와 나중 상태를 비교해 보았을 때, 기계의 모양이 바뀐 것은 3번과 4번이며 작동 상태가 바뀌어 있는 것도 3번과 4번이다. 2번과 3번을 회전시키고(♧) 2번 4번을 회전시키면(♣) 2번은 원래의 모양으로 돌아온다. 이 상태에서 3번과 4번의 작동 상태를 바꾸면(◑) 된다.

▌25~27▐ 다음은 어느 회사의 냉장고 사용설명서 중 일부인 〈고장신고 전에 확인해야 할 사항〉에 관한 자료이다. 다음을 보고 물음에 답하시오.

증상	확인사항	조치사항
냉각이 잘 되지 않을 때	냉장조절이 '약'쪽에 있는지 확인하세요.	냉장조절을 '강' 쪽으로 조절해 주세요.
	뜨거운 식품을 식히지 않고 넣진 않았는지 확인하세요.	뜨거운 음식은 곧바로 넣지 마시고 식혀서 넣어 주세요.
	식품을 너무 많이 넣진 않았는지 확인하세요.	식품은 적당한 간격을 두고 넣어 주세요.
	문은 완전히 닫혀 있는지 확인하세요.	제품 앞쪽이 약간 높게 수평조정다리를 조정하고 보관음식이 문에 끼지 않게 한 후 문을 꼭 닫아 주세요.
	직사광선을 받거나 가스레인지 등의 열기구에 가까이 있진 않은지 확인하세요.	주위에 적당한 간격을 두세요.
	냉장고 주위에 적당한 간격이 유지되어 있는지 확인하세요.	주위에 적당한 간격을 두세요.
	설치장소의 온도가 5°C 이하로 되진 않았는지 확인하세요.	설치방법을 참조하여 주위온도가 5°C 이상인 곳에 설치해 주세요.
소음이 심하고 이상한 소리가 날 때	냉장고 설치장소의 바닥이 약하거나, 냉장고가 불안정하게 설치되어 있진 않은지 확인하세요.	바닥이 튼튼하고 고른 곳에 설치하세요.
	냉장고 뒷면이 벽에 닿진 않았는지 확인하세요.	주위에 적당한 간격을 두세요.
	냉장고 뒷면이나 위에 물건이 있진 않은지 확인하세요.	물건을 치워 주세요.
냉장고 안쪽이나 야채실 덮개 밑면에 이슬이 맺힐 때	뜨거운 음식을 식히지 않고 넣진 않았는지 확인하세요.	뜨거운 음식은 반드시 식혀서 보관하세요.
	문을 오랫동안 열어두진 않았는지 확인하세요.	문을 닫아 두면 이슬이 자동으로 없어지지만 마른 걸레로 닦아 주시면 더 좋습니다.
	문을 자주 여닫진 않았는지 확인하세요.	문을 너무 많이 여닫지 마세요.
	물기가 많은 식품을 뚜껑을 닫지 않고 넣진 않았는지 확인하세요.	음식을 보관할 때는 뚜껑이 있는 용기에 담거나 밀봉하여 보관하세요.
성에(얼음)가 생길 때	문을 잘 닫았는지 확인하세요.	보관식품에 간섭될 수 있으므로 문을 정확히 닫아 주세요.
	뜨거운 음식을 식히지 않고 넣진 않았는지 확인하세요.	뜨거운 음식은 반드시 식혀서 보관하세요.
	냉동실의 공기 입구나 출구가 막혀 있진 않은지 확인하세요.	냉장고내 공기의 순환이 잘 되도록 공기 입구나 출구가 막히지 않게 보관해 주세요.
	냉동실에 식품을 빽빽하게 넣진 않았는지 확인하세요.	식품은 적당한 간격으로 보관하세요.

25 이 냉장고 회사에서 근무하는 사원 A 씨는 고객으로부터 냉장고에 성에가 생겼다는 전화를 받았다. A 씨가 먼저 확인해야 할 사항으로 옳지 않은 것은?

① 문을 잘 닫았습니까?

② 뜨거운 음식을 바로 넣진 않았습니까?

③ 냉동실의 공기 입구나 출구가 막혀 있진 않습니까?

④ 냉장고 뒷면이 벽에 닿진 않았습니까?

✔해설 ④의 내용은 소음이 심하고 이상한 소리가 날 때 확인해야 할 사항이다.

26 AS센터에서 근무하고 있는 甲 씨는 고객의 냉장고 수리를 위해 방문하게 되었는데 냉장고를 열어보니 음식이 너무 빽빽하게 들어 있었다. 이 고객의 냉장고 증상으로 바르게 짝지어진 것은?

① 냉각이 잘 되지 않음 - 소음이 심함

② 얼음이 생김 - 소음이 심함

③ 얼음이 생김 - 이슬이 맺힘

④ 냉각이 잘 되지 않음 - 성에가 생김

✔해설 ④ 음식이 빽빽하게 들어있는지의 여부를 확인해야 할 증상으로는 냉각이 잘 되지 않거나, 성에(얼음)가 생기는 경우이다.

27 사원 A 씨는 고객으로부터 집에서 사용하는 냉장고가 냉각이 잘 되지 않는다는 불만사항을 접수했다. A 씨의 조치사항에 대한 답변으로 옳지 않은 것은?

① 식품은 적당한 간격을 두고 넣어 주시기 바랍니다.

② 냉장고 내 공기 입구나 출구가 막히지 않도록 해주시기 바랍니다.

③ 뜨거운 음식은 식혀서 넣어주시기 바랍니다.

④ 주위에 적당한 간격을 두시기 바랍니다.

✔해설 ② 이 경우는 냉장고에 성에(얼음)이 생겼을 때의 조치사항이다.

ANSWER 25.④ 26.④ 27.②

| 28~30 | 다음은 어느 회사 로봇청소기의 〈고장신고 전 확인사항〉이다. 이를 보고 물음에 답하시오.

확인사항	조치방법
주행이 이상합니다.	• 센서를 부드러운 천으로 깨끗이 닦아 주세요. • 초극세사 걸레를 장착한 경우라면 장착 상태를 확인해 주세요. • 주전원 스위치를 끈 후, 다시 켜 주세요.
흡입력이 약해졌습니다.	• 흡입구에 이물질이 있는지 확인하세요. • 먼지통을 비워 주세요. • 먼지통 필터를 청소해 주세요.
소음이 심해졌습니다.	• 먼지통이 제대로 장착되었는지 확인하세요. • 먼지통 필터가 제대로 장착되었는지 확인하세요. • 회전솔에 이물질이 끼어 있는지 확인하세요. • Wheel에 테이프, 껌 등 이물이 묻었는지 확인하세요.
리모컨으로 작동시킬 수 없습니다.	• 배터리를 교환해 주세요. • 본체와의 거리가 3m 이하인지 확인하세요. • 본체 밑면의 주전원 스위치가 켜져 있는지 확인하세요.
회전솔이 회전하지 않습니다.	• 회전솔을 청소해 주세요. • 회전솔이 제대로 장착이 되었는지 확인하세요.
충전이 되지 않습니다	• 충전대 주변의 장애물을 치워 주세요. • 충전대에 전원이 연결되어 있는지 확인하세요. • 충전 단자를 마른 걸레로 닦아 주세요. • 본체를 충전대에 붙인 상태에서 충전대 뒷면에 있는 리셋버튼을 3초간 눌러 주세요.
자동으로 충전대 탐색을 시작합니다. 자동으로 전원이 꺼집니다.	로봇청소기가 충전 중이지 않은 상태로 아무 동작 없이 10분이 경과되면 자동으로 충전대 탐색을 시작합니다. 충전대 탐색에 성공하면 충전을 시작하고 충전대를 찾지 못하면 처음 위치로 복귀하여 10분 후에 자동으로 전원이 꺼집니다.

28 로봇청소기 서비스센터에서 근무하고 있는 L 씨는 고객으로부터 소음이 심해졌다는 문의전화를 받았다. 이에 대한 조치방법으로 L 씨가 잘못 답변한 것은?

① 먼지통 필터가 제대로 장착되었는지 확인하세요.

② 회전솔에 이물질이 끼어있는지 확인하세요.

③ Wheel에 테이프, 껌 등 이물이 묻었는지 확인하세요.

④ 흡입구에 이물질이 있는지 확인하세요.

✔ **해설** ④는 흡입력이 약해졌을 때의 조치방법이다.

29 로봇청소기가 충전 중이지 않은 상태로 아무 동작 없이 10분이 경과되면 자동으로 충전대 탐색을 시작하는데 충전대를 찾지 못하면 어떻게 되는가?

① 아무 동작 없이 그 자리에 멈춰 선다.

② 처음 위치로 복귀하여 10분 후에 자동으로 전원이 꺼진다.

③ 계속 청소를 한다.

④ 계속 충전대를 찾아 돌아다닌다.

> ✔해설 ② 로봇청소기가 충전 중이지 않은 상태로 아무 동작 없이 10분이 경과되면 자동으로 충전대 탐색을 시작한다. 충전대 탐색에 성공하면 충전을 시작하고 충전대를 찾지 못하면 처음 위치로 복귀하여 10분 후에 자동으로 전원이 꺼진다.

30 로봇청소기가 갑자기 주행이 이상해졌다. 고객이 시도해 보아야 하는 조치방법으로 옳은 것은?

① 충전 단자를 마른 걸레로 닦는다.

② 회전솔을 청소한다.

③ 센서를 부드러운 천으로 깨끗이 닦는다.

④ 먼지통을 비운다.

> ✔해설 ① 충전이 되지 않을 때의 조치방법이다.
> ② 회전솔이 회전하지 않을 때의 조치방법이다.
> ④ 흡입력이 약해졌을 때의 조치방법이다.

조직이해능력

[조직이해능력] 출제유형

① 경영이해능력 : 경영의 기본적인 개념과 전략, 구조, 요소 등을 묻는 문항 등이 주를 이루는 유형이다.
② 체제이해능력 : 조직의 구조 유형을 설명하거나, 조직 문화 및 시스템의 특징을 파악하는 유형이다.
③ 업무이해능력 : 조직 내의 업무 내용, 업무 계획 수립, 업무 흐름 이해 등을 묻는 유형이다.
④ 국제감각 : 글로벌 비즈니스 매너, 글로벌 경제 환경 등 국제적인 커뮤니케이션과 관련된 문제 유형이다.

[조직이해능력] 출제경향

조직이해능력은 원활한 업무 수행을 위해 국제적인 추세와 조직의 체제 및 경영에 대해 이해하는 능력이다. 기본적인 경영의 개념과 구성 요소 및 경영자의 역할을 묻는 문항이 주로 출제되며, 조직의 구조를 이해하고 있는지 확인하는 유형도 더러 등장하는 편이다. 또한 구체적인 상황을 제시하고 조직 구조를 묻는 문제도 출제된다.

[조직이해능력] 유형별 출제빈도

출제유형	출제빈도									
경영이해능력										
체제이해능력										
업무이해능력										
국제감각										

예제 01 조직과 개인

주어진 글의 빈칸에 들어갈 말로 가장 적절한 것은?

> 조직이 지속되게 되면 조직구성원들 간 생활양식이나 가치를 공유하게 되는데 이를 조
> 직의 (㉠)(이)라고 한다. 이는 조직구성원들의 사고와 행동에 영향을 미치며 일체감
> 과 정체성을 부여하고 조직이 (㉡)으로 유지되게 한다. 최근 이에 대한 중요성이 부
> 각되면서 긍정적인 방향으로 조성하기 위한 경영층의 노력이 이루어지고 있다.

	㉠	㉡
①	목표	혁신적
②	구조	단계적
③	문화	안정적
④	규칙	체계적

출제의도

본 문항은 조직체계의 구성요소들의 개념을 묻는 문제이다.

해설

조직문화란 조직구성원들 간에 공유하게 되는 생활양식이나 가치를 말한다. 이는 조직구성원들의 사고와 행동에 영향을 미치며 일체감과 정체성을 부여하고 조직이 안정적으로 유지되게 한다.

≫ ③

예제 02 경영이해능력

다음은 경영전략을 세우는 방법 중 하나인 SWOT에 따른 어느 기업의 분석결과이다. 다음 중 주어진 기업 분석 결과에 대응하는 전략은?

강점(Strength)	• 차별화된 맛과 메뉴 • 폭넓은 네트워크
약점(Weakness)	• 매출의 계절적 변동폭이 큼 • 딱딱한 기업 이미지
기회(Opportunity)	• 소비자의 수요 트랜드 변화 • 가계의 외식 횟수 증가 • 경기회복 가능성
위협(Threat)	• 새로운 경쟁자의 진입 가능성 • 과도한 가계부채

내부환경 외부환경	강점(Strength)	약점(Weakness)
기회 (Opportunity)	① 계절 메뉴 개발을 통한 분기 매출 확보	② 고객의 소비패턴을 반영한 광고를 통한 이미지 쇄신
위협 (Threat)	③ 소비 트렌드 변화를 반영한 시장 세분화 정책	④ 고급화 전략을 통한 매출 확대

출제의도

본 문항은 조직이해능력의 하위능력인 경영관리능력을 측정하는 문제이다. 기업에서 경영전략을 세우는데 많이 사용되는 SWOT분석에 대해 이해하고 주어진 분석표를 통해 가장 적절한 경영전략을 도출할 수 있는지를 확인할 수 있다.

해설

기업의 딱딱한 이미지를 현재 소비자의 수요 트렌드라는 환경 변화에 대응하여 바꿀 수 있다.

≫ ②

다음은 중국의 H사에서 시행하는 경영참가제도에 대한 기사이다. 밑줄 친 이 제도는 무엇인가?

H사는 '사람' 중심의 수평적 기업문화가 발달했다. H사는 <u>이 제도</u>의 시행을 통해 직원들이 경영에 간접적으로 참여할 수 있게 하였는데 이에 따라 자연스레 기업에 대한 직원들의 책임 의식도 강화됐다. 참여주주는 8만2471명이다. 모두 H사의 임직원이며, 이 중 창립자인 CEO R은 개인 주주로 총 주식의 1.18%의 지분과 퇴직연금으로 주식총액의 0.21%만을 보유하고 있다.

① 노사협의회제도 ② 이윤분배제도
③ 종업원지주제도 ④ 노동주제도

출제의도
경영참가제도는 조직원이 자신이 속한 조직에서 주인의식을 갖고 조직의 의사결정과정에 참여할 수 있도록 하는 제도이다. 본 문항은 경영참가제도의 유형을 구분해낼 수 있는가를 묻는 질문이다.

해설
종업원지주제도는 기업이 자사 종업원에게 특별한 조건과 방법으로 자사 주식을 분양·소유하게 하는 제도이다. 이 제도의 목적은 종업원에 대한 근검저축의 장려, 공로에 대한 보수, 자사에의 귀속의식 고취, 자사에의 일체감 조성 등이 있다.

》 ③

예제 04 체제이해능력

다음은 I기업의 조직도와 팀장님의 지시사항이다. H 씨가 팀장님의 심부름을 수행하기 위해 연락해야 할 부서로 옳은 것은?

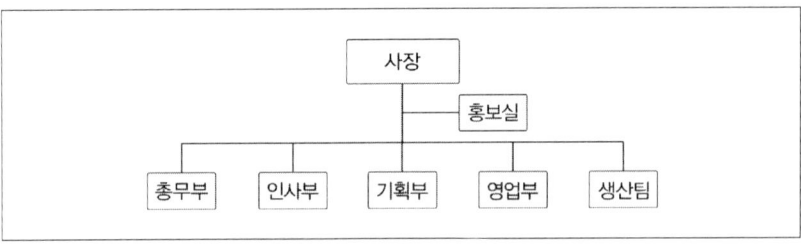

H 씨! 내가 지금 너무 바빠서 그러는데 부탁 좀 들어줄래요? 다음 주 중에 사장님 모시고 클라이언트와 만나야 할 일이 있으니까 사장님 일정을 확인해 주시고요. 이번 달에 신입사원 교육·훈련계획이 있었던 것 같은데 정확한 시간이랑 날짜를 확인해주세요.

① 총무부, 인사부 ② 총무부, 홍보실
③ 기획부, 총무부 ④ 영업부, 기획부

출제의도
조직도와 부서의 명칭을 보고 개략적인 부서의 소관 업무를 분별할 수 있는지를 묻는 문항이다.

해설
사장의 일정에 관한 사항은 비서실에서 관리하나 비서실이 없는 회사의 경우 총무부(또는 팀)에서 비서업무를 담당하기도 한다. 또한 신입사원 관리 및 교육은 인사부에서 관리한다.

》 ①

다음 중 업무수행 시 단계별로 업무를 시작해서 끝나는 데까지 걸리는 시간을 바 형식으로 표시하여 전체 일정 및 단계별로 소요되는 시간과 각 업무활동 사이의 관계를 볼 수 있는 업무수행 시트는?

① 간트 차트

② 워크 플로 차트

③ 체크리스트

④ 퍼트 차트

출제의도

업무수행 계획을 수립할 때 간트 차트, 워크 플로 시트, 체크리스트 등의 수단을 이용하면 효과적으로 계획하고 마지막에 급하게 일을 처리하지 않고 주어진 시간 내에 끝마칠 수 있다. 본 문항은 그러한 수단이 되는 차트들의 이해도를 묻는 문항이다.

해설

② 일의 절차 처리의 흐름을 표현하기 위해 기호를 써서 도식화한 것이다.

③ 업무를 세부적으로 나누고 각 활동별로 수행수준을 달성했는지를 확인하는 데 효과적이다.

④ 하나의 사업을 수행하는 데 필요한 다수의 세부사업을 단계와 활동으로 세분하여 관련된 계획 공정으로 묶고, 각 활동의 소요시간을 낙관시간, 최가능시간, 비관시간 등 세 가지로 추정하고 이를 평균하여 기대시간을 추정한다.

》 ①

02 출제예상문제

1 다음은 각 지역에 사무소를 운영하고 있는 A사의 임직원 행동강령의 일부이다. 다음 내용에 부합되지 않는 설명은?

제5조 【이해관계직무의 회피】

① 임직원은 자신이 수행하는 직무가 다음 각 호의 어느 하나에 해당하는 경우에는 그 직무의 회피 여부 등에 관하여 지역관할 행동강령책임관과 상담한 후 처리하여야 한다. 다만, 사무소장이 공정한 직무수행에 영향을 받지 아니한다고 판단하여 정하는 단순 민원업무의 경우에는 그러하지 아니한다.

　　1. 자신, 자신의 직계 존속·비속, 배우자 및 배우자의 직계 존속·비속의 금전적 이해와 직접적인 관련이 있는 경우

　　2. 4촌 이내의 친족이 직무관련자인 경우

　　3. 자신이 2년 이내에 재직하였던 단체 또는 그 단체의 대리인이 직무관련자이거나 혈연, 학연, 지연, 종교 등으로 지속적인 친분관계에 있어 공정한 직무수행이 어렵다고 판단되는 자가 직무관련자인 경우

　　4. 그 밖에 지역관할 행동강령책임관이 공정한 직무수행이 어려운 관계에 있다고 정한 자가 직무관련자인 경우

② 제1항에 따라 상담요청을 받은 지역관할 행동강령책임관은 해당 임직원이 그 직무를 계속 수행하는 것이 적절하지 아니하다고 판단되면 본사 행동강령책임관에게 보고하여야 한다. 다만, 지역관할 행동강령책임관이 그 권한의 범위에서 그 임직원의 직무를 일시적으로 재배정할 수 있는 경우에는 그 직무를 재배정하고 본사 행동강령책임관에게 보고하지 아니할 수 있다.

③ 제2항에 따라 보고를 받은 본사 행동강령책임관은 직무가 공정하게 처리될 수 있도록 인력을 재배치하는 등 필요한 조치를 하여야 한다.

제6조 【특혜의 배제】 임직원은 직무를 수행함에 있어 지연·혈연·학연·종교 등을 이유로 특정인에게 특혜를 주거나 특정인을 차별하여서는 아니 된다.

제6조의2 【직무관련자와의 사적인 접촉 제한】

① 임직원은 소관업무와 관련하여 우월적 지위에 있는 경우 그 상대방인 직무관련자(직무관련자인 퇴직자를 포함한다)와 당해 직무 개시시점부터 종결시점까지 사적인 접촉을 하여서는 아니 된다. 다만, 부득이한 사유로 접촉할 경우에는 사전에 소속 사무소장에게 보고(부재 시 등 사후보고) 하여야 하고, 이 경우에도 내부정보 누설 등의 행위를 하여서는 아니 된다.

② 제1항의 "사적인 접촉"이란 다음 각 호의 어느 하나에 해당하는 것을 말한다.

　　1. 직무관련자와 사적으로 여행을 함께하는 경우

　　2. 직무관련자와 함께 사행성 오락(마작, 화투, 카드 등)을 하는 경우

③ 제1항의 "부득이한 사유"는 다음 각 호의 어느 하나에 해당하는 경우를 말한다. (제2항 제2호 제외)

　　1. 직무관련자인 친족과 가족 모임을 함께하는 경우

　　2. 동창회 등 친목단체에 직무관련자가 있어 부득이하게 함께하는 경우

　　3. 사업추진을 위한 협의 등을 사유로 계열사 임직원과 함께하는 경우

　　4. 사전에 직무관련자가 참석한 사실을 알지 못한 상태에서 그가 참석한 행사 등에서 접촉한 경우

---

① 이전 직장의 퇴직이 2년이 경과하지 않은 시점에서 이전 직장의 이해관계와 연관 있는 업무는 회피하여야 한다.

② 이해관계 직무를 회피하기 위해 임직원의 업무가 재배정된 경우 이것이 반드시 본사 행동강령책임관에게 보고되는 것은 아니다.

③ 임직원이 직무 관련 우월적 지위에 있는 경우, 소속 사무소장에게 보고하지 않는(사후보고 제외) 직무 상대방과의 '사적인 접촉'은 어떠한 경우에도 허용되지 않는다.

④ 지역관할 행동강령책임관은 공정한 직무수행이 가능한 직무관련자인지의 여부를 본인의 판단으로 결정할 수 없다.

> ✔ **해설** ④ 임직원행동강령에서는 '그 밖에 지역관할 행동강령책임관이 공정한 직무수행이 어려운 관계에 있다고 정한 자가 직무관련자인 경우'라고 규정하고 있으므로 지역관할 행동강령책임관의 판단으로 결정할 수 있다.
> ① 이전 직장 퇴직 후 2년이 경과하지 않으면 직무관련성이 남아 있는 것으로 간주한다.
> ② '지역관할 행동강령책임관이 그 권한의 범위에서 그 임직원의 직무를 일시적으로 재배정할 수 있는 경우에는 그 직무를 재배정하고 본사 행동강령책임관에게 보고하지 아니할 수 있다.'고 규정하고 있다.
> ③ 규정되어 있는 '사적인 접촉'은 어떠한 경우에도 사전에 보고되어야 하며, 보고받는 자가 부재 시에는 사후에 반드시 보고하도록 규정하고 있다.

ANSWER 1.④

2 경영전략의 유형으로 흔히 차별화, 원가 우위, 집중화 전략을 꼽을 수 있다. 다음에 제시된 내용 중, 차별화 전략의 특징으로 볼 수 없는 설명을 모두 고른 것은?

> ㉠ 브랜드 강화를 위한 광고비용이 증가할 수 있다.
> ㉡ 견고한 유통망은 제품 차별화와 관계가 없다.
> ㉢ 차별화로 인한 규모의 경제 활용에 제약이 있을 수 있다.
> ㉣ 신규기업 진입에 대한 효과적인 억제가 어렵다.
> ㉤ 제품에 대한 소비자의 선호체계가 확연히 구분될 경우 효과적인 차별화가 가능하다.

① ㉠, ㉡   ② ㉡, ㉣
③ ㉡, ㉢   ④ ㉣, ㉡

✔해설 ㉡ 강력하고 견고한 유통망이 있을 경우, 고객을 세분화하여 제품 차별화 전략을 활용할 수 있다.
㉣ 차별화를 이루게 되면 경험과 노하우에 따른 더욱 특화된 제품이나 서비스가 제공되므로 신규기업 진입에 대한 효과적인 억제가 가능하게 된다.
㉠㉢ 차별화에는 많은 비용이 소요되므로 반드시 비용측면을 고려해야 하며 일정 부분의 경영상 제약이 생길 수 있다.

3 다음과 같은 팀장의 지시를 받은 오 대리가 업무를 처리하기 위해 들러야 하는 조직의 명칭이 순서대로 올바르게 나열된 것은?

> "오 대리, 지금 당장 본부장님의 급한 지시 사항을 처리해야 하는데, 나 좀 도와줄 수 있겠나? 어제 사장님께 보고 드릴 자료를 완성했는데, 자네가 혹시 오류나 수정 사항이 있는지를 좀 확인해 주고 남 비서에게 전달을 좀 해 주게. 그리고 모레 있을 바이어 미팅은 대형 계약 성사를 위해 매우 중요한 일이 될 테니 계약서 초안 검토 작업이 어느 정도 되고 있는지도 한 번 알아봐 주게. 오는 길에 바이어 픽업 관련 배차 현황도 다시 한 번 확인해 주고, 다음 주 선적해야 할 물량 통관 작업에는 문제없는지 확인해서 박 과장에게 알려줘야 하네. 실수 없도록 잘 좀 부탁하네."

① 총무팀, 회계팀, 인사팀, 법무팀   ② 자금팀, 기획팀, 인사팀, 회계팀
③ 기획팀, 총무팀, 홍보팀, 물류팀   ④ 비서실, 법무팀, 총무팀, 물류팀

✔해설 ④ 오 대리가 들러야 하는 조직과 업무 내용은 다음과 같이 정리할 수 있다.
㉠ 보고 서류 전달 – 비서실
㉡ 계약서 검토 확인 – 법무팀
㉢ 배차 현황 확인 – 총무팀
㉣ 통관 작업 확인 – 물류팀

4 **'경영참가제도'는 노사협의제, 이윤분배제, 종업원지주제 등의 형태로 나타난다. 다음에 제시된 항목 중, 이러한 경영참가제도가 발전하게 된 배경으로 보기 어려운 두 가지가 알맞게 짝지어진 것은?**

> ㉠ 근로자들의 경영참가 욕구 증대
> ㉡ 노동조합을 적대적 존재로서가 아니라 파트너로서 역할을 인정하게 된 사용자 측의 변화
> ㉢ 노동조합의 다양한 기능의 점진적 축소
> ㉣ 기술혁신과 생산성 향상
> ㉤ 근로자의 자발적, 능동적 참여가 사기와 만족도를 높이고 생산성 향상에 기여하게 된다는 의식이 확산됨
> ㉥ 노사 양측의 조직규모가 축소됨에 따라 기업의 사회적 책임의식이 약해짐

① ㉠, ㉢ ② ㉡, ㉤
③ ㉡, ㉣ ④ ㉢, ㉥

해설 ㉢ 노동조합의 기능이 다양하게 확대됨에 따라 근로자의 경영참가를 자연스럽게 받아들일 수밖에 없는 사회 전반적인 분위기 확산도 경영참가제도의 발전 배경으로 볼 수 있다.
㉥ 노사 양측의 조직규모는 지속적으로 거대화 되었으며, 이에 따른 사회적 책임이 증대되었고 노사관계가 국민경제에 미치는 영향이 커짐으로 인해 분쟁을 가능한 한 회피하고 평화적으로 해결하기 위한 필요성도 경영참가제도를 발전시킨 배경으로 볼 수 있다.
㉣ 기술혁신은 인력의 절감효과를 가져와 격렬한 노사분쟁을 유발하고 생산성 향상에 오히려 역효과를 초래하게 되어, 결국 이러한 문제 해결을 위해 노사 간의 충분한 대화가 필요해지며 이런 대화의 장을 마련하기 위한 방안으로 경영참가제도가 발전하였다고 볼 수 있다.

ANSWER 2.② 3.④ 4.④

5 다음과 같은 B사의 국내 출장 관련 규정의 일부를 보고 올바른 판단을 하지 못한 것은?

제2장 국내출장

제12조(국내출장신청) 국내출장 시에는 출장신청서를 작성하여 출장승인권자의 승인을 얻은 후 부득이한 경우를 제외하고는 출발 24시간 전까지 출장담당부서에 제출하여야 한다.

제13조(국내여비)

① 철도여행에는 철도운임, 수로여행에는 선박운임, 항로여행에는 항공운임, 철도 이외의 육로여행에는 자동차운임을 지급하며, 운임의 지급은 별도 규정에 의한다. 다만, 전철구간에 있어서 철도운임 외에 전철요금이 따로 책정되어 있는 때에는 철도운임에 갈음하여 전철요금을 지급할 수 있다.

② 공단 소유의 교통수단을 이용하거나 요금지불이 필요 없는 경우에는 교통비를 지급하지 아니한다. 이 경우 유류대, 도로사용료, 주차료 등은 귀임 후 정산할 수 있다.

③ 직원의 항공여행은 일정 등을 고려하여 필요하다고 인정되는 경우로 부득이하게 항공편을 이용하여야 할 경우에는 출장신청 시 항공여행 사유를 명시하고 출장결과 보고서에 영수증을 첨부하여야 하며, 기상악화 등으로 항공편 이용이 불가한 경우 사후 그 사유를 명시하여야 한다.

④ 국내출장자의 일비 및 식비는 별도 규정에서 정하는 바에 따라 정액 지급하고(사후 실비 정산 가능) 숙박비는 상한액 범위 내에서 실비로 지급한다. 다만, 업무형편, 그 밖의 부득이한 사유로 인하여 숙박비를 초과하여 지출한 때에는 숙박비 상한액의 10분의 3을 넘지 아니하는 범위에서 추가로 지급할 수 있다.

⑤ 일비는 출장일수에 따라 지급하되, 공용차량 또는 공용차량에 준하는 별도의 차량을 이용하거나 차량을 임차하여 사용하는 경우에는 일비의 2분의 1을 지급한다.

⑥ 친지 집 등에 숙박하거나 2인 이상이 공동으로 숙박하는 경우 출장자가 출장 이행 후 숙박비에 대한 정산을 신청하면 회계담당자는 숙박비를 지출하지 않은 인원에 대해 1일 숙박 당 20,000원을 지급 할 수 있다. 단, 출장자의 출장에 대한 증빙은 첨부하여야 한다.

① 특정 이동 구간에 철도운임보다 비싼 전철요금이 책정되어 있을 경우, 전철요금을 여비로 지급받을 수 있다.

② 회사 차량을 이용하여 출장을 다녀온 경우, 연료비, 톨게이트 비용, 주차비용 등은 모두 사후에 지급받을 수 있다.

③ 숙박비 상한액이 5만 원인 경우, 부득이한 사유로 10만 원을 지불하고 호텔에서 숙박하였다면 결국 자비로 3만 5천 원을 지불한 것이 된다.

④ 1일 숙박비 4만 원씩을 지급받은 갑과 을이 출장 시 공동 숙박에 의해 갑의 비용으로 숙박료 3만 원만 지출하였다면, 을은 사후 미사용 숙박비 중 1만 원을 회사에 반납하게 된다.

✔해설 ④ 공동 숙박에 의해 숙박비를 지출하지 않은 인원에 대해서는 1일 숙박 당 20,000원을 지급할 수 있다고 규정하고 있으므로 처음 지급된 4만 원의 숙박비에서 2만 원을 제외한 나머지 2만 원을 회사에 반납하여야 한다.

　① '철도운임에 갈음하여 전철요금을 지급할 수 있다.'고 규정하고 있으므로 전철요금이 더 비싸도 철도운임 대신 전철요금이 지급된다.

　② 유류대, 도로사용료, 주차료에 해당되는 지출이므로 모두 귀임 후 정산이 된다.

　③ 부득이한 경우에도 숙박비 상한액의 10분의 3을 넘지 아니하는 범위에서 추가로 지급할 수 있다고 규정하고 있으므로 숙박비 상한액 5만 원의 10분의 3인 1만 5천 원이 추가되어 6만 5천 원만 지급하는 것이므로 3만 5천 원은 자비로 지불한 것이 된다.

6 다음은 J발전사의 조직 업무 내용 일부를 나열한 자료이다. 다음에 나열된 업무 내용 중 관리 조직의 일반적인 업무 특성상 인재개발실(팀) 또는 인사부(팀)의 업무라고 보기 어려운 것을 모두 고른 것은?

> ㉠ 해외 전력사 교환근무 관련 업무
> ㉡ 임직원 출장비, 여비관련 업무
> ㉢ 상벌, 대·내외 포상관리 업무
> ㉣ 조경 및 조경시설물 유지보수
> ㉤ 교육원(한전 인재개발원, 발전교육원) 지원 업무

① ㉡, ㉣
② ㉡, ㉢
③ ㉠, ㉡
④ ㉠, ㉢

✔해설 ① 임직원 출장비, 여비관련 업무와 조경 및 조경시설물 유지보수 등의 업무는 일반적으로 총무부(팀) 또는 업무지원부(팀)의 고유 업무 영역으로 볼 수 있다.
제시된 것 이외의 대표적인 인사 및 인재개발 업무 영역으로는 채용, 배치, 승진, 교육, 퇴직 등 인사관리와 인사평가, 급여, 복지후생 관련 업무 등이 있다.

7 다음 위임전결규정을 참고할 때, 바이어에게 저녁식사 접대를 하기 위해 법인카드를 사용하고자 하는 남 대리가 작성해야 할 결재 서류의 양식으로 적절한 것은?

[위임전결규정]

- 결재를 받으려면 업무에 대해서는 최고결정권자(사장)을 포함한 이하 직책자의 결재를 받아야 한다.
- 전결이라 함은 회사의 경영활동이나 관리활동을 수행함에 있어 의사결정이나 판단을 요하는 일에 대하여 최고결재권자의 결재를 생략하고, 자신의 책임 하에 최종적으로 의사결정이나, 판단을 하는 행위를 말한다.
- 전결사항에 대해서도 취임 받은 자를 포함한 이하 직책자의 결재를 받아야 한다.
- 표시내용 : 결재를 올리는 자는 최고결재권자로부터 전결사항을 위임 받은 자가 있는 경우 전결이라고 표시하고 최종 결재권자에 위임 받은 자를 표시한다. 다만, 결재가 불필요한 직책자의 결재란은 상향대각선으로 표시한다.
- 최고 결재권자의 결재사항 및 최고결재권자로부터 위임된 전결사항은 다음의 표에 따른다.

업무내용		결재권자			
		사장	부사장	본부장	팀장
주간업무보고					○
팀장급 인수인계			○		
일반예산 집행	잔업수당	○			
	회식비			○	
	업무활동비			○	
	교육비		○		
	해외연수비	○			
	시내교통비			○	
	출장비	○			
	도서인쇄비				○
	법인카드사용		○		
	소모품비				○
	접대비(식대)			○	
	접대비(기타)				○
이사회 위원 위촉		○			
임직원 해외 출장		○(임원)		○(직원)	
임직원 휴가		○(임원)		○(직원)	
노조관련 협의사항			○		

* 위의 업무내용에 필요한 결재서류는 다음과 같다.
  품의서, 주간업무보고서, 인수인계서, 예산집행내역서(예산사용계획서), 위촉장, 출장보고서(계획서), 휴가신청서, 노조협의사항 보고서

①

출장보고서					
결재	담당	팀장	본부장	부사장	사장
				전결	부사장

②

예산사용계획서					
결재	담당	팀장	본부장	부사장	사장
				전결	부사장

③

품의서					
결재	담당	팀장	본부장	부사장	사장
				╱	

④

예산사용계획서					
결재	담당	팀장	본부장	부사장	사장
			╱	╱	부사장

✔해설 ② 법인카드 사용의 경우이므로 문서의 명칭은 예산사용계획서가 된다. 또한 규정상 부사장의 전결 사항이므로 최고결재권자는 부사장이 된다. 따라서 부사장 결재란에 '전결'이라고 쓴 후 본래의 최고결재권자인 사장 결재란에 '부사장'을 기입하여야 한다.
결재가 불필요한 사람은 없으므로 상향대각선은 사용하지 않는다.

┃8~10┃ 다음 OO 주식회사의 조직도 및 전결규정을 보고 이어지는 물음에 답하시오.

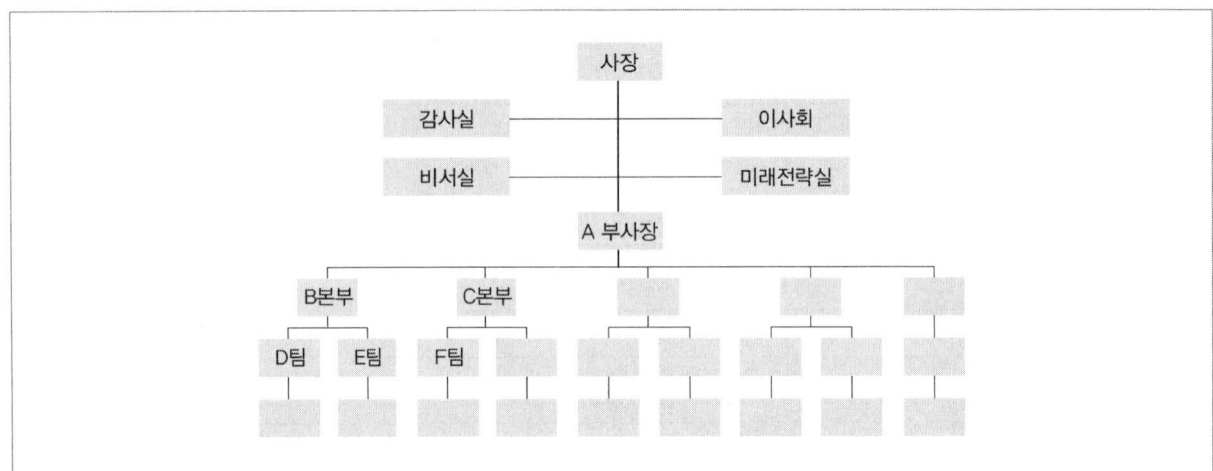

〈전결규정〉

업무내용	결재권자			
	사장	부사장	본부장	팀장
주간업무보고				○
팀장급 인수인계		○		
백만 불 이상 예산집행	○			
백만 불 이하 예산집행		○		
이사회 위원 위촉	○			
임직원 해외 출장	○(임원)		○(직원)	
임직원 휴가	○(임원)		○(직원)	
노조관련 협의사항		○		

☞ 결재권자가 출장, 휴가 등 사유로 부재중일 경우에는 결재권자의 차상급 직위자의 전결사항으로 하되, 반드시 결재권자의 업무 복귀 후 후결로 보완한다.

8 OO 주식회사의 업무 조직도로 보아 사장에게 직접 보고를 할 수 있는 조직원은 모두 몇 명인가?

① 2명　　　　　　　　　　　　　　　　② 3명

③ 4명　　　　　　　　　　　　　　　　④ 5명

> ✔해설 ④ 감사실장, 이사회의장, 비서실장, 미래전략실장, A 부사장은 모두 사장과 직접적인 업무 라인으로 연결되어 있으므로 직속 결재권자가 사장이 된다.

9 OO 주식회사 임직원들의 다음과 같은 업무 처리 내용 중 사내 규정에 비추어 적절한 행위로 볼 수 있는 것은?

① C 본부장은 해외 출장을 위해 사장 부재 시 비서실장에게 최종 결재를 득하였다.

② B 본부장과 E팀 직원의 동반 출장 시 각각의 출장신청서에 대해 사장에게 결재를 득하였다.

③ D팀에서는 50만 불 예산이 소요되는 프로젝트의 최종 결재를 위해 부사장 부재 시 본부장의 결재를 득하였고, 중요한 결재 서류인 만큼 결재 후 곧바로 문서보관함에 보관하였다.

④ F팀에서는 그간 심혈을 기울여 온 300만 불의 예산이 투입되는 해외 프로젝트의 최종 계약 체결을 위해 사장에게 동반 출장을 요청하기로 하였다.

> ✔해설 ④ 백만 불 이상 예산이 집행되는 사안이므로 최종 결재권자인 사장을 대동하여 출장을 계획하는 것은 적절한 행위로 볼 수 있다.
> ① 사장 부재 시 차상급 직위자는 부사장이다.
> ② 출장 시 본부장은 사장, 직원은 본부장에게 각각 결재를 득하면 된다.
> ③ 결재권자의 부재 시, 차상급 직위자의 전결로 처리하되 반드시 결재권자의 업무 복귀 후 후결로 보완한다는 규정이 있다.

10 OO 주식회사는 기존의 조직을 정비하여 다음과 같은 조직을 갖춘 회사로 탈바꿈하였다. OO 주식회사의 조직 개편 내용과 방향에 대한 적절하지 않은 설명은?

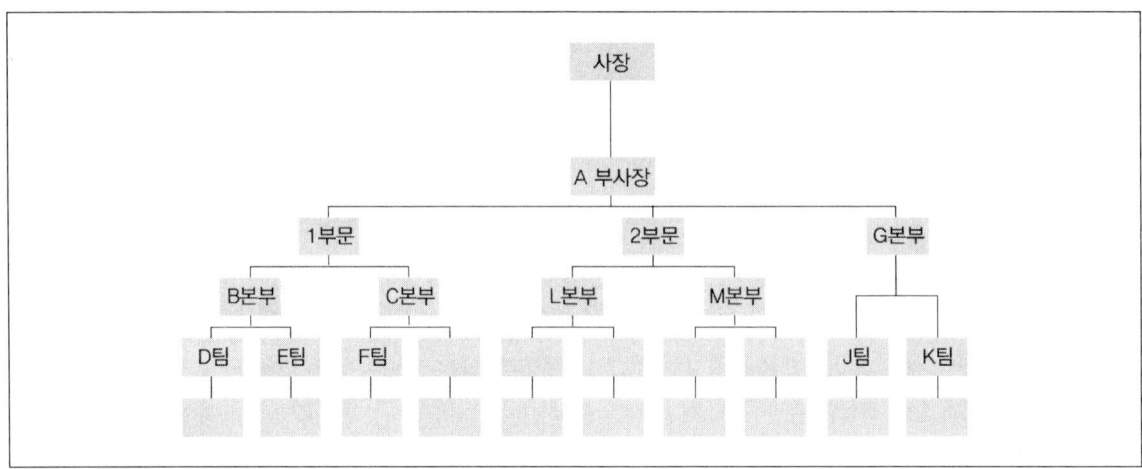

① 총 2부문 5본부 10개 팀으로 수정되었으며, 기존의 본부 조직에는 변화가 없이 새로운 본부가 추가되었다.

② G 본부장의 상급 직위자는 A 부사장이므로 부문장의 결재를 거치지 않아도 된다.

③ 각 본부를 부사장 이전에 부문장이 관리하게 하여 보다 철저한 관리 및 결재라인을 구성하였다.

④ 단위 조직의 수는 증가하였으나 보다 슬림화된 조직을 구성하였으며, 임원의 수도 감소시키는 효과를 거두었다.

✔ 해설 ④ 조직이 더욱 세분화되고 복잡해진 형태의 개편이며, 부문장이 추가됨으로써 임원의 수가 오히려 늘어나게 되었다. 본부를 부문의 하위 조직으로 두는 경우 보다 관리를 강화하는 효과를 거둘 수 있으나, 자칫 임원의 수를 늘려 적체된 인사 문제를 해결하기 위한 편법으로 비춰질 수도 있다.

11 다음 중 성격이 다른 조직은 무엇인가?

① 기업

② 스터디모임

③ 정부

④ 노동조합

> ✔해설 ② 비공식조직
> ①③④ 공식조직

12 경영의 구성요소에 관한 설명으로 옳지 않은 것은?

① 경영목적 : 조직의 목적을 달성하기 위한 방법이나 과정

② 인적자원 : 조직의 구성원 · 인적자원의 배치와 활용

③ 경영전략 : 조직구성원들 간에 공유하는 생활양식이나 가치

④ 자금 : 경영활동에 요구되는 돈 · 경영의 방향과 범위 한정

> ✔해설 ③ 조직문화에 대한 설명이다.

▌13~14 ▌ 다음은 어느 회사의 사내 복지 제도와 지원내역에 관한 자료이다. 물음에 답하시오.

〈2026년 사내 복지 제도〉

주택 지원
주택구입자금 대출
전보자 및 독신자를 위한 합숙소 운영

자녀학자금 지원
중고생 전액지원, 대학생 무이자융자

경조사 지원
사내근로복지기금을 운영하여 각종 경조금 지원

기타
사내 동호회 활동비 지원
상병 휴가, 휴직, 4대보험 지원
생일 축하금(상품권 지급)

〈2026년 1/4분기 지원 내역〉

이름	부서	직위	내역	금액(만 원)
엄영식	총무팀	차장	주택구입자금 대출	–
이수연	전산팀	사원	본인 결혼	10
임효진	인사팀	대리	독신자 합숙소 지원	–
김영태	영업팀	과장	휴직(병가)	–
김원식	편집팀	부장	대학생 학자금 무이자융자	–
심민지	홍보팀	대리	부친상	10
이영호	행정팀	대리	사내 동호회 활동비 지원	10
류민호	자원팀	사원	생일(상품권 지급)	5
백성미	디자인팀	과장	중학생 학자금 전액지원	100
채준민	재무팀	인턴	사내 동호회 활동비 지원	10

13 인사팀에 근무하고 있는 사원 B 씨는 2026년 1분기에 지원을 받은 사원들을 정리했다. 다음 중 분류가 잘못된 사원은?

구분	이름
주택 지원	엄영식, 임효진
자녀학자금 지원	김원식, 백성미
경조사 지원	이수연, 심민지, 김영태
기타	이영호, 류민호, 채준민

① 엄영식

② 김원식

③ 심민지

④ 김영태

✔해설 ④ 김영태는 병가로 인한 휴직이므로 '기타'에 속해야 한다.

14 사원 B씨는 위의 복지제도와 지원 내역을 바탕으로 2분기에도 사원들을 지원하려고 한다. 지원내용으로 옳지 않은 것은?

① 엄영식 차장이 장모상을 당하여 경조금 10만 원을 지원하였다.

② 심민지 대리가 동호회에 참여하게 되어서 활동비 10만 원을 지원하였다.

③ 이수연 사원의 생일이라서 현금 5만 원을 지원하였다.

④ 류민호 사원이 결혼을 해서 10만 원을 지원하였다.

✔해설 ③ 생일인 경우에는 상품권 5만 원을 지급한다.

15 다음 중 아래 조직도를 보고 잘못 이해한 것은?

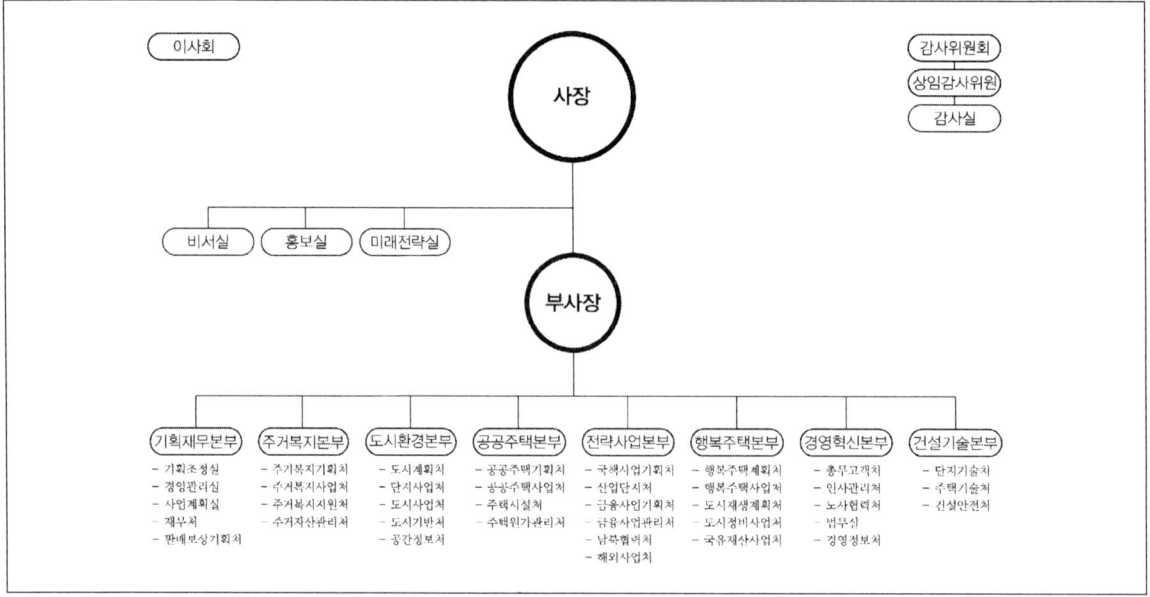

① 비서실, 홍보실, 미래전략실은 사장 직속으로 되어 있다.

② 감사실은 사장 직속이 아니라 독립성을 위해 감사위원회 산하에 소속되어 있다.

③ 부사장 직속으로 8개 본부, 5개 실, 30개 처로 구성되어 있다.

④ 부사장은 따로 비서실을 두고 있지 않다.

> **✔해설** ③ 부사장 직속으로 8개 본부, 4개 실, 33개 처로 구성되어 있다.

16 다음 중 부서와 업무의 연결이 잘못된 것은?

① 총무부 : 회계제도의 유지 및 관리, 재무상태 및 경영실적 보고, 결산 관련 업무, 재무제표 분석 및 보고, 법인세, 부가가치세, 국세 지방세 업무자문 및 지원, 보험가입 및 보상업무, 고정자산 관련 업무

② 기획부 : 경영계획 및 전략 수립, 전사기획업무 종합 및 조정, 중장기 사업계획의 종합 및 조정, 경영정보 조사 및 기획보고, 경영진단업무, 종합예산수립 및 실적관리, 단기사업계획 종합 및 조정, 사업계획, 손익추정, 실적관리 및 분석

③ 인사부 : 조직기구의 개편 및 조정, 업무분장 및 조정, 인력수급계획 및 관리, 직무 및 정원의 조정 종합, 노사관리, 평가관리, 상벌관리, 인사발령, 교육체계 수립 및 관리, 임금제도, 복리후생제도 및 지원업무, 복무관리, 퇴직관리

④ 영업부 : 판매 계획, 판매예산의 편성, 시장조사, 광고 선전, 견적 및 계약, 제조지시서의 발행, 외상매출금의 청구 및 회수, 제품의 재고 조절, 거래처로부터의 불만처리, 제품의 애프터서비스, 판매원가 및 판매가격의 조사 검토

✔해설 ① 회계부의 업무이다.

17 다음 중 집단의사결정의 특징으로 옳지 않은 것은?

① 지식과 정보가 더 많아 효과적인 결정을 할 수 있다.

② 의견이 불일치하는 경우 의사결정을 내리는 데 시간이 단축된다.

③ 다양한 견해를 가지고 접근할 수 있다.

④ 특정 구성원에 의해 의사결정이 독점될 가능성이 있다.

✔해설 ② 의견이 불일치하는 경우 의사결정을 내리는 데 시간이 많이 소요된다.

1. 일반 전화 걸기
회사 외부에 전화를 걸어야 하는 경우
→ 수화기를 들고 9번을 누른 후 (지역번호)＋전화번호를 누른다.

2. 전화 당겨 받기
다른 직원에게 전화가 왔으나, 사정상 내가 받아야 하는 경우
→ 수화기를 들고 *(별표)를 두 번 누른다.
※ 다른 팀에게 걸려온 전화도 당겨 받을 수 있다.

3. 회사 내 직원과 전화하기
→ 수화기를 들고 내선번호를 누르면 통화가 가능하다.

4. 전화 넘겨 주기
외부 전화를 받았는데 내가 담당자가 아니라서 다른 담당자에게 넘겨 줄 경우
→ 통화 중 상대방에게 양해를 구한 뒤 통화 종료 버튼을 짧게 누른 뒤 내선번호를 누른다. 다른 직원이 내선 전화를 받으면
어떤 용건인지 간략하게 얘기 한 뒤 수화기를 내려놓으면 자동적으로 전화가 넘겨진다.

5. 회사 전화를 내 핸드폰으로 받기
외근 나가 있는 상황에서 중요한 전화가 올 예정인 경우
→ 내 핸드폰으로 착신을 돌리기 위해서는 사무실 수화기를 들고 *(별표)를 누르고 88번을 누른다. 그리고 내 핸드폰 번호를
입력한다.
→ 착신을 풀기 위해서는 #(샵)을 누르고 88번을 누른 다음 *(별)을 누르면 된다.
※ 회사 전화를 내 핸드폰으로 받는 기능은 팀장급 이상의 자리에 있는 대표 전화기로만 가능하며, 그 이하의 직급 자리에 있
는 일반 전화기로는 이 기능을 사용할 수 없다.

18 인사팀에 근무하고 있는 사원 S는 신입사원들을 위해 전화기 사용 요령에 대해 교육을 진행하려고 한다. 다음 중 신입사원들에게 교육하지 않아도 되는 항목은?

① 일반 전화 걸기　　　　　　　　　② 전화 당겨 받기
③ 전화 넘겨 주기　　　　　　　　　④ 회사 전화를 내 핸드폰으로 받기

✔해설　④ 회사 전화를 내 핸드폰으로 받는 기능은 팀장급 이상의 자리에 있는 대표 전화기로만 가능하기 때문에
신입사원에게 교육하지 않아도 되는 항목이다.

19 사원 S는 전화 관련 정보들을 신입사원이 이해하기 쉽도록 표로 정리하였다. 정리한 내용으로 옳지 않은 내용이 포함된 항목은?

상황	항목	눌러야 하는 번호
회사 외부로 전화 걸 때	일반 전화 걸기	9+(지역번호)+(전화번호)
다른 직원에게 걸려온 전화를 내가 받아야 할 때	전화 당겨 받기	*(별표) 한번
회사 내 다른 직원과 전화 할 때	회사 내 직원과 전화하기	내선번호
내가 먼저 전화를 받은 경우 다른 직원에게 넘겨 줄 때	전화 넘겨 주기	종료버튼(짧게)+내선번호

① 일반 전화 걸기

② 전화 당겨 받기

③ 전화 넘겨 주기

④ 회사 내 직원과 전화하기

✔해설 ② 전화를 당겨 받는 경우에는 *(별표)를 두 번 누른다..

20 조직문화의 중요성에 대한 내용으로 옳지 않은 것은?

① 조직문화는 기업의 전략수행에 영향을 미친다.

② 조직구성원을 사회화하는 데 영향을 미친다.

③ 신기술을 도입하거나 통합하는 경우에 영향을 미친다.

④ 조직 내 집단 간 갈등에 영향을 미치지 않는다.

✔해설 ④ 조직문화는 조직 내 집단 간 갈등에 영향을 미친다.

21 다음은 L 씨가 경영하는 스위치 생산 공장의 문제점과 대안을 나타낸 것이다. 이에 대한 설명으로 옳지 않은 것은?

> • 문제점 : 불량률의 증가
> • 해결방법 : 신기술의 도입
> • 가능한 대안
>   −신기술의 도입
>   −업무시간의 단축
>   −생산라인의 변경

① 신기술을 도입할 경우 신제품의 출시가 가능하다.

② 업무시간을 단축할 경우 직원 채용에 대한 시간이 감소한다.

③ 생산라인을 변경하면 새로운 라인에 익숙해지는데 시간이 소요된다.

④ 업무시간을 단축하면 구성원들의 직무만족도를 증가시킬 수 있다.

✔해설 ② 업무시간을 단축하게 되면 직원 채용에 대한 시간, 비용, 인건비가 증가하게 된다.

22 다음 중 전자문서의 결재 절차를 옳게 설명한 것은?

> (가) 문서 도착의 통보   (나) 결재 서명
> (다) 결재 라인의 지정   (라) 문서의 회수 및 처리
> (마) 문서의 자동 전송 및 결재 조회   (바) 문서 수정
> (사) 결재 완료의 통보

① (가) − (나) − (다) − (라) − (마) − (바) − (사)

② (가) − (다) − (나) − (마) − (라) − (바) − (사)

③ (가) − (다) − (바) − (나) − (라) − (사) − (마)

④ (가) − (나) − (다) − (라) − (바) − (사) − (마)

✔해설 전자문서의 결재 절차

ⓐ **문서 도착의 통보** : 전자문서는 종이에 인쇄된 문서가 아니기 때문에 문서 도착을 통보하는 알림을 통해 확인된다.

ⓑ **결재 라인의 지정** : 전자문서도 결재 라인을 지정하여 결재순위를 정한다.

ⓒ **결재 서명** : 결재 라인을 따라 전자화된 문서에 서명을 한다.

ⓓ **문서의 자동 전송 및 결재 조회** : 서명된 문서는 자동으로 기안자에게 전송되며 기안자는 결재 상태를 확인할 수 있다.

ⓔ **문서의 회수 및 처리** : 기안자는 결재된 문서를 회수하여 처리한다.

ⓕ **문서 수정** : 필요한 경우 문서를 수정한다.

ⓖ **결재 완료의 통보** : 결재가 완료되었음을 통보한다.

23 다음과 같은 결재에 대한 설명으로 가장 적절한 것은?

행정자치부장관		
행정사무관 갑	행정능률과장 대결 병	행정관리국장 전결
협조자 행정제도과장 을		

① 행정관리국장 병이 행정자치부장관 대결사항인 문서를 전결하였다.

② 행정관리국장 병이 행정능률과장 대결사항인 문서를 전결하였다.

③ 행정능률과장 병이 행정자치부장관 전결사항인 문서를 대결하였다.

④ 행정능률과장 병이 행정관리국장 전결사항인 문서를 대결하였다.

✔️**해설** 문서의 결재권 위임

ㄱ **전결** : 최종 결재권자로부터 전결사항을 위임받은 전결권자가 본인의 결재란에 전결이라고 표시하고 위임
자란에 서명 또는 날인한다.

ㄴ **대결** : 결재권자가 출장, 휴가, 기타 사유로 부재 중일 경우 그 직무 대행자가 결재하는 것을 말하며, 본
인 결재란에 대결이라 표시하고 결재권자의 란에 서명 또는 날인한다. 대결은 결재권자가 결재한 것과
동일한 효력을 갖는다.

ㄷ **후결** : 긴급을 요하는 문서로서 최종 결재권자의 결재를 받을 수 없는 경우에는 그 차하 결재권자의 결재
로서 우선 시행한 후 즉시 최종 결재권자의 결재를 받아야 한다.

24 다음은 결재와 관련된 표이다. 다음 중 가장 적절하게 설명된 것은?

기안자	팀장	전무	부사장	사장
박서원(인)	최서부(인)	4/6 대결	전결	김발전(인) 4/7

① 사장은 김발전으로 기안된 문서에 대한 최종결정권을 가진다.

② 이 문서는 부사장이 의사결정권을 위임받은 사항으로 부사장 이름은 김발전이다.

③ 이 문서는 부사장이 출장으로 인해 결재를 할 수 없어, 출장 중 권한 위임권자인 전무가 부사장을 대신해 결재
하였으며, 전무 이름은 김발전이다.

④ 이 문서는 기안자 → 팀장 → 전무 → 부사장 → 사장의 결재를 거쳐 시행된다.

✔️**해설** ① 부사장 전결 표시로 보아 최종결정권은 부사장에게 있음을 알 수 있다.

② 부사장이 의사결정권을 위임받았으나 전무 대결 표시로 보아 실제 결재는 전무에 의해 이루어졌으므로
김발전은 전무의 이름임을 알 수 있다.

④ 기안자 → 팀장 → 전무의 결재를 거쳐 시행된다.

25 다음에 주어진 조직의 특성 중 유기적 조직에 대한 설명을 모두 고른 것은?

㉠ 구성원들의 업무가 분명하게 규정되어 있다.

㉡ 급변하는 환경에 적합하다.

㉢ 비공식적인 상호의사소통이 원활하게 이루어진다.

㉣ 엄격한 상하 간의 위계질서가 존재한다.

㉤ 많은 규칙과 규정이 존재한다.

---

① ㉠, ㉢ ② ㉡, ㉢

③ ㉡, ㉤ ④ ㉢, ㉣

✔해설 ② 유기적 조직은 의사결정권한이 조직의 하부구성원들에게 많이 위임되어 있으며 업무 또한 고정되지 않고 공유 가능한 조직이다. 유기적 조직에서는 비공식적인 상호의사소통이 원활히 이루어지며, 규제나 통제의 정도가 낮아 변화에 따라 쉽게 변할 수 있는 특징이 있다.

SWOT분석이란 기업의 환경 분석을 통해 마케팅 전략을 수립하는 기법이다. 조직 내부 환경으로는 조직이 우위를 점할 수 있는 강점(Strength), 조직의 효과적인 성과를 방해하는 자원·기술·능력 면에서의 약점(Weakness), 조직 외부 환경으로는 조직 활동에 이점을 주는 기회(Opportunity), 조직 활동에 불이익을 미치는 위협(Threat)으로 구분된다.

※ SWOT분석에 의한 마케팅 전략
　㉠ SO전략(강점-기회전략) : 시장의 기회를 활용하기 위해 강점을 사용하는 전략
　㉡ ST전략(강점-위협전략) : 시장의 위협을 회피하기 위해 강점을 사용하는 전략
　㉢ WO전략(약점-기회전략) : 약점을 극복함으로 시장의 기회를 활용하려는 전략
　㉣ WT전략(약점-위협전략) : 시장의 위협을 회피하고 약점을 최소화하는 전략

---

26 다음은 K모바일메신저의 SWOT분석이다. 가장 적절한 전략은?

강점(Strength)	• 국내 브랜드 이미지 1위 • 무료 문자 & 통화 가능 • 다양한 기능(쇼핑, 뱅킹서비스 등)
약점(Weakness)	• 특정 지역에서의 접속 불량 • 서버 부족으로 인한 잦은 결함
기회(Opportunity)	• 스마트폰의 사용 증대 • App Store 시장의 확대
위협(Threat)	• 경쟁업체의 고급화 • 안정적인 해외 업체 메신저의 유입

① SO전략 : 다양한 기능과 서비스를 강조하여 기타 업체들과 경쟁한다.

② ST전략 : 접속 불량이 일어나는 지역의 원인을 파악하여 제거한다.

③ WO전략 : 서버를 추가적으로 구축하여 이용자를 유치한다.

④ WT전략 : 국내 브렌드 이미지를 이용하여 마케팅전략을 세운다.

✔해설 ③ 서버 부족이라는 약점을 극복하여 사용이 증대되고 있는 스마트폰 시장에서 이용자를 유치하는 WO전략에 해당한다.

---

27 다음은 A화장품 기업의 SWOT분석이다. 가장 적절한 전략은?

강점(Strength)	• 화장품과 관련된 높은 기술력 보유 • 기초화장품 전문 브랜드라는 소비자인식과 높은 신뢰도
약점(Weakness)	• 남성전용 화장품 라인의 후발주자 • 용량 대비 높은 가격
기회(Opportunity)	• 남성들의 화장품에 대한 인식변화와 화장품 시장의 지속적인 성장 • 화장품 분야에 대한 정부의 지원
위협(Threat)	• 경쟁업체들의 남성화장품 시장 공략 • 내수경기 침체로 인한 소비심리 위축

① SO전략 : 기초화장품 기술력을 통한 경쟁적 남성 기초화장품 개발

② ST전략 : 유통비조정을 통한 제품의 가격 조정

③ WO전략 : 남성화장품 이외의 라인에 주력하여 경쟁력 강화

④ WT전략 : 정부의 지원을 통한 제품의 가격 조정

 ② 가격을 낮추어 기타 업체들과 경쟁하는 전략으로 WO전략에 해당한다.
　　　③ 위협을 회피하고 약점을 최소화하는 WT전략에 해당한다.
　　　④ 정부의 지원이라는 기회를 활용하여 약점을 극복하는 WO전략에 해당한다.

28 다음 중 조직변화의 유형에 대한 설명으로 옳지 않은 것은?

① 조직변화는 서비스, 제품, 전략, 구조, 기술, 문화 등에서 이루어질 수 있다.

② 기존 제품이나 서비스의 문제점을 인식하고 고객의 요구에 부응하기 위한 변화를 제품·서비스 변화라고 한다.

③ 새로운 기술이 도입되는 것으로 신기술이 발명되었을 때나 생산성을 높이기 위해 이루어지는 것을 전략변화라 한다.

④ 문화변화는 구성원들의 사고방식이나 가치체계를 변화시키는 것을 말한다.

 ③ 전략변화는 조직의 경영과 관계되며 조직의 목적을 달성하고 효율성을 높이기 위해 조직구조, 경영방식, 각종 시스템 등을 개선하는 것을 말한다.

29 조직 내 갈등관리를 위해 갖추어야 할 사항으로 옳지 않은 것은?

① 서로 문제 해결을 위한 협력적인 관계에 있다고 생각한다.

② 신뢰를 기반으로 자신과 상대를 이해하기 위한 대화를 한다.

③ 서로가 가능한 많은 정보를 공유한다.

④ 문제 해결을 위한 최적의 방법만을 강구한다.

> **✔ 해설** 조직 내 갈등관리를 위해 갖추어야 할 사항
> ㉠ 협력적인 태도
> ㉡ 상대를 이해하기 위한 커뮤니케이션
> ㉢ 서로 많은 정보를 공유하며 정확한 요구사항 파악
> ㉣ 문제 해결을 위한 다양한 방법 연구
> ㉤ 상대에게 도움이 되는 아이디어 제안
> ㉥ 자신의 자원 활용 방안 고취

30 다음 중 팀제의 특성에 대한 설명으로 바르지 않은 것은?

① 팀의 자율적 운영을 통해 구성원의 자아욕구를 충족하고 성취감을 높인다.

② 경영환경에 유연하게 대처하지 못해 기업의 경쟁력을 제고할 수 없다.

③ 업무중심의 조직이므로 의사결정의 신속성과 기동성을 제고할 수 있다.

④ 구성원간의 이질성과 다양성의 결합과 활용을 통한 시너지 효과를 촉진한다.

> **✔ 해설** ② 팀제는 경영환경에 유연하게 대처하여 기업의 경쟁력을 제고할 수 있다.

ANSWER 27.① 28.③ 29.④ 30.②

Chapter 01 인성검사의 이해

1 인성검사의 목적

(1) 조직 적합성 평가

인성검사는 지원자의 성품을 알고자 하는 것이 아니다. 인사 담당자는 지원자의 어떠한 특성이 발달했는지를 알아보고, 해당 직무의 특성과 조직의 가치관에 얼마나 합치하는지를 평가한다. 직무 수행 능력과 더불어 조직과의 조화, 가치 공유 여부 등이 특히 중요하게 평가된다. 결국 인성검사는 지원자가 조직에 장기적으로 적합한 인재인지 판단하기 위한 목적을 갖는다.

(2) 조직 리스크 관리

인성검사는 문제 행동 가능성이나 스트레스 대처 방식 등을 파악하는 데에 활용된다. 책임감, 정직성, 협업 태도 등은 조직의 안정성과 직결되는 요소이기 때문에 내부 갈등, 윤리 문제, 조기 퇴사 등과 같은 잠재적인 리스크를 줄이기 위해서 시행된다.

(3) 면접과의 연계

인성검사 결과는 이후 면접에서도 긴밀하게 활용된다. 면접관은 인성검사에서 나타난 지원자의 특징과 응답 경향을 바탕으로 실제 행동이 일관되게 나타나는지를 확인한다. 즉, 인성검사는 면접 단계에서 지원자 답변의 진정성을 검증할 기초 자료를 확보하려는 목적을 내포한다.

(4) 공정하고 객관적인 평가 보완

면접은 주관적인 요소가 개인될 수 있다. 인성검사는 이를 보완하기 위한 객관적인 지표의 역할을 한다. 동일한 기준으로 다수의 지원자를 비교할 수 있기 때문에 선발 과정에서 공정성을 높이는 데에 기여를 할 수 있다. 또한 서류나 면접에서 볼 수 없었던 지원자의 성향을 추가적으로 확인이 가능하다.

(5) 인재 관리 및 배치 참고 자료 확보

채용 이후에 인성검사 결과를 통해서 인재를 배치하고 교육 방향을 설정하는 데에 활용이 가능하다. 팀 구성시 성향을 고려하여 배치하거나 개인별 강·약점을 파악하여 맞춤형 교육설계가 가능하다.

2 인성검사 준비 전략

(1) 기업 인재상 분석

지원 기업의 인재상과 핵심 가치를 사전에 확인해야 한다. 인성검사는 기업 문화 적합도를 평가하는 도구이므로, 기업이 중시하는 성향과 자신의 특성을 비교하는 과정이 필요하다. 이를 통해 과도한 연출 없이도 방향성 있는 응답 기준을 설정할 수 있다.

(2) 직무 성향 파악

같은 기업이라도 직무에 따라 요구되는 성향은 다르다. 예를 들어 영업 직무는 대인관계 적극성과 목표지향성이, 연구 직무는 집중력과 안정성이 상대적으로 중요하다. 지원 직무의 특성을 이해하면 응답 기준을 보다 명확히 정립할 수 있다.

(3) 자기 성향 점검

시험 전 자신의 성향을 객관적으로 정리해보는 과정이 필요하다. 평소 갈등 상황에서의 대응 방식, 규칙 준수 태도, 스트레스 관리 방식 등을 점검하면 응답 일관성을 유지하는 데 도움이 된다. 자기 이해가 부족한 상태에서 시험에 응시할 경우 즉흥적 판단이 늘어날 가능성이 높다.

(4) 모의 문항 연습

유형을 미리 경험하면 시험 당일 긴장을 줄일 수 있다. 특히 반복 문항 구조와 역문항 패턴을 이해하는 연습이 필요하다. 다만 정답을 외우는 방식이 아니라, 자신의 기준을 점검하는 방식으로 연습해야 한다.

(5) 컨디션 관리

인성검사는 장시간 집중을 요구하므로 체력과 집중력 관리가 중요하다. 수면 부족이나 과도한 긴장은 응답 패턴을 흔들 수 있다. 시험 전 충분한 휴식과 안정된 심리 상태를 유지하는 것이 바람직하다.

3 인성검사 주요 평가 요소

(1) 성실성

규칙을 잘 지키고 일을 계획적으로 할 수 있는 태도를 말한다. 주요 문항으로는 "하기 싫더라도 주어진 일은 참고한다", "인내심이 강하다는 말을 듣는다" 등이 있다. 인사 담당자는 성실성이 높은 지원자를 긍정적으로 평가한다. 인내심이 강하고 어려운 업무를 받아도 포기하지 않을 것이라고 생각하기 때문이다.

(2) 이타성

개인보다 공동체의 이익을 강조하는 성향으로, 협동을 중요시하는 조직에서 특히 선호하는 요소이다. "내 일을 끝내면 다른 사람을 돕는다", "봉사나 기부를 하면 뿌듯하다" 등의 문항이 이타성을 평가하는 데 사용된다. 이타성이 높으면 주로 긍정적인 평가를 받는다. 그러나 과할 경우 타인을 돕는 데 집중하다가 본인의 업무가 지연되거나 처리 효율이 떨어질 수 있다는 우려를 받는다.

(3) 허위성

응답 시 자기 특성을 과도하게 미화하여 표현하려는 성향으로, 입사를 위해 자신을 과장되게 좋은 사람으로 포장하는 경우가 이에 해당한다. 주로 '항상', '한 번도', '언제나' 등의 극단적인 표현이 들어가는 것이 특징이다. 지나치게 꾸며낸 답변은 이후 중복되거나 모순된 문항에 걸리기 쉬우므로 주의한다. 검사에서는 현재의 자신보다 조금 성장한 자신을 표현하는 정도가 적당하다.

> **TIP** 허위성을 판별하는 질문
> 실제 인성검사에서는 아래와 같은 문항을 통해 지원자가 현실적으로 불가능한 완벽함을 추구하지 않는지 판별한다. 과하게 이상적이거나 인간이라면 있을 수밖에 없는 감정과 실수를 부정하는 질문이 이에 해당한다.
> • 늘 기분이 좋다.
> • 화를 낸 적이 한 번도 없다.
> • 나는 어떤 실수도 반복하지 않는다.
> • 절대 충동적으로 행동하지 않는다.
> • 다른 사람을 부럽다고 생각해 본 적이 없다.

(4) 책임감

자신의 행동이 조직에 미치는 영향을 이해하고 주어진 일을 끝까지 해내는 성향을 의미한다. 주요 문항으로는 "맡은 일은 끝까지 해내려고 하는 편이다", "해야 할 일을 미루지 않으려고 노력한다" 등이 있다. 책임감은 일반적으로 성실성과 신뢰성을 보여주는 지표이므로 긍정적으로 평가된다. 그러나 지나치게 높을 경우 강박적으로 보이기도 한다.

(5) 자기주도성

적극적인 업무 태도와 향상성, 자기 개발 능력 등을 나타내는 정신적 활동력을 말한다. 주요 문항으로는 "하고 싶은 일을 좀처럼 실행할 수 없는 편이다", "새로운 것을 만나면 도전하고 싶다" 등이 있다. 자기주도성이 높은 것은 조직 내 성장 가능성과 책임감을 나타내는 긍정적인 요인이다. 그러나 과도하게 높으면 독단적이거나 의사소통에 문제가 있어 보일 수 있다.

(6) 정서안정성

잦은 감정 기복이나 불안 수준 등의 심리적 안정도를 측정한다. 주요 문항으로는 "실수할까 봐 어떤 일을 시작하는 것이 두렵다", "힘들다고 생각하면 쉽게 그만둔다" 등이 있다. 정서안정성이 높을 경우 감정의 폭이 일정하고 상황을 받아들이는 폭이 넓어 업무 적응력 면에서 긍정적인 요인으로 작용한다.

(7) 조직적응력

조직의 규칙과 문화를 이해하고 협동성을 바탕으로 원활한 사내 관계를 유지할 수 있는지를 측정한다. 주요 문항으로는 "팀의 목표를 위해 개인 의견을 조정할 수 있다", "새로운 환경에 빠르게 적응하는 편이다" 등이 있다. 점수가 높으면 조직 생활과 협업에 유리하게 작용한다.

(8) 준법성

업무를 공정하고 투명하게 처리하며 규칙과 절차를 성실히 따르는 성향으로, 공기업이나 공공기관에서 특히 중요시하는 성향이다. 주요 문항으로는 "규칙보다 개인의 편의를 우선시하는 것은 바람직하지 않다", "법에 어긋나더라도 관행이면 상사의 지시를 따른다" 등이 있다. 점수가 높을수록 신뢰감을 얻지만, 과할 경우 융통성이 부족하다는 인상을 줄 수 있다.

(9) 대인관계능력

타인과 원만하고 협조적인 관계를 형성할 수 있는지를 보여주는 지표이다. 주요 문항으로는 "새로운 사람들과 적응하는 시간이 짧다", "갈등이 생기면 대화를 통해 해결하는 것이 좋다" 등이 있다. 대인관계능력이 높으면 원만한 조직 생활이 가능하므로 긍정적인 평가를 받는다. 하지만 사교적으로 보이기 위해 지나치게 꾸며낸 답변은 오히려 진정성을 의심받을 수 있다.

(10) 문제해결능력

난관이나 갈등 상황에서 원인을 분석하고 현실적인 대안을 모색하여 문제를 해결하는 능력을 측정한다. 주요 문항으로는 "예상치 못한 문제에도 침착하게 대응할 수 있다", "일이 해결될 때까지 어려워도 버텨내는 편이다" 등이 있다. 이러한 능력은 도전적이고 책임감 있는 사람으로 평가받는 데 영향을 준다.

④ 인성검사 불합격 요인

(1) 직무부적합

지원 직무를 수행하는 데 필요한 성향이나 역량이 부족하다고 판단되는 경우이다. 세밀함이 요구되는 업무에서 충동적인 성향이나 낮은 주의력이 나타나는 경우가 이에 해당한다. 검사 전 지원 직무에 어울리는 성향을 정확히 이해하는 것이 중요하다.

(2) 조직에 부적합한 성향

조직의 가치관이나 문화와 조화를 이루기 어렵다고 평가되는 경우이다. 협력보다 경쟁을 선호하거나, 규율을 중시하는 환경에서 자유로운 분위기를 선호하는 경우가 이에 해당한다. 지원하는 조직이 원하는 인재상을 미리 파악해 두는 것이 좋다.

(3) 일관적이지 않은 답변

동일하거나 유사한 문항에 상반된 답을 반복적으로 제시한 경우이다. 이는 자신의 성향을 정확히 인식하지 못했거나, 인위적으로 '좋은 인상'을 주려는 의도로 답변했을 가능성을 의미한다. 앞서 언급했듯 최대한 꾸밈없이 일관된 답변을 하는 것이 중요하다.

(4) 극단적 성향

성격 특성이 한쪽으로 지나치게 치우친 경우이다. 자신감이 지나쳐 독단적으로 보이거나, 소극적인 태도가 지나쳐 단호함이 부족해 보이는 경우가 이에 해당한다. 특정 성향이 과도하게 드러나도록 답변하는 것은 바람직하지 않다.

(5) 과도하게 이상적인 인간인 것

과도하게 이상적인 인물로 답하면 문항 간 응답 일관성이 무너져 신뢰도 점수가 낮아질 수 있다. 모든 항목에 극단적으로 긍정 응답을 선택할 경우, 사회적 바람직성 왜곡으로 판단되어 감점 요인이 된다. 완벽한 사람이 아니라 예측 가능한 사람을 선호하기 때문에 과장된 응답은 오히려 탈락 위험을 높인다.

5 인성검사 대응 전략

(1) 솔직하게 답변한다.

인성검사에는 정답 대신 조직에서 바라는 인재상 또는 기대하는 답변이 있을 뿐이다. 이를 염두에 두되, 자신을 과도하게 가공하여 표현하지 않도록 주의한다. 솔직함이 일관성과 진정성을 유지하는 가장 중요한 요소가 된다.

(2) 신속하게 답변한다.

인성검사의 문항 수는 대개 150 ~ 300문항 정도이다. 너무 곰곰이 생각하다가는 문항을 다 읽지 못한 채 시간이 끝나거나, 시간에 쫓겨 대충 답하게 될 수도 있다. 이 점에 유의하여 문항을 본 순간 떠오른 첫 생각을 신속히 마킹하는 것이 바람직하다.

(3) 일관성 있게 답변한다.

실제 인사 담당자 인터뷰에 따르면, 인성검사에서 일관성 없는 답변을 한 지원자가 감점되어 탈락한 사례가 많다. 과장되거나 거짓된 응답은 결국 문항 간 모순으로 드러난다. 따라서 상기한 대로 솔직하고 일관성 있게 대답하는 것이 좋다.

(4) 반복해서 연습한다.

인성검사는 세세한 부분은 달라도 전체 구조나 패턴이 유사하다. 긴 시간 집중력을 유지하고 체력을 분배하기 위해 사전에 다양한 모의고사를 치러보며 마킹까지 끝낼 수 있도록 반복해서 연습하는 것이 좋다. 반복 연습은 사고의 일관성과 반응 속도를 높이는 데 도움이 된다.

(5) 인재상에 맞는 방향성을 설정한다.

인성검사는 기업이 추구하는 인재상과의 적합도를 확인하는 과정인 만큼 해당 기업의 핵심가치, 기업 철학 등을 파악하고 그에 부합하는 성격을 설정하는 것이 도움이 된다. 실제로 일부 지원자는 모니터 옆에 지원하는 기업의 인재상을 붙여 두고, 해당 기준에 따라 일관된 태도를 유지하며 답변하는 전략을 사용한다. 다만 주지하다시피 현실적인 범위 내에서 진정성을 유지하는 것이 중요하다.

(6) 면접에 적용한다.

인성검사 결과는 면접에 사용된다. 만일 정직성이 의심된다면 면접에서 그 부분을 기반으로 한 질문을 받게 될 것이다. 인성검사에서 자신을 어떤 사람으로 표현했는지 잘 기억하며 면접에서도 같은 방향성을 유지하는 것이 좋다. 기업의 인재상과 자신의 인성검사 답변을 정리하여 면접 준비에 활용하도록 한다.

Chapter 02

성향별 대응 전략

① 심리적 측면

(1) 민감성

① 특징 : 꼼꼼함, 섬세함 등의 요소를 통해 얼마나 정서적으로 안정되었는지를 측정한다. 적당한 민감성은 세심하고 감수성이 풍부하다는 장점으로 이어질 수 있다.

② 면접 시 유의점

    ㉠ 민감성이 높은 경우 : 인사 담당자는 동료와의 관계 유지나 스트레스 대응력 등을 우려할 수 있다. 따라서 타인의 감정에 잘 공감하고 배려하는 소통 능력을 강조하는 것이 좋다.

    ㉡ 민감성이 낮은 경우 : 주변의 변화나 타인의 감정에 둔감하다는 인상을 줄 수 있다. 상대의 의견을 충분히 경청하고 상황 변화에 유연하게 대응해 온 경험을 드러내는 것이 좋다.

(2) 과민성

① 특징 : 예상치 못한 어려움이 발생했을 때 부정적인 감정을 얼마나 크게 받아들이는지를 측정한다. 문제에 예민하게 반응하거나 스스로를 비난하고 책망하는 경향 등이 포함된다.

② 면접 시 유의점

    ㉠ 과민성이 높은 경우 : 비관적인 성격으로 예상될 가능성이 있다. 문제 상황에서 침착하게 대처하고 스트레스를 균형 있게 조절할 수 있음을 어필하는 것이 좋다.

    ㉡ 과민성이 낮은 경우 : 감정에 흔들리지 않고 안정된 대인 관계를 유지할 수 있는 사람으로 평가받을 수 있다. 그러나 과도하게 낮다면 자기중심적으로 보일 수 있으므로 사교적이고 긍정적인 태도를 어필하는 것이 좋다.

(3) 불안성

① 특징 : 기분의 굴곡이 얼마나 큰지 측정하는 항목이다. 새로운 상황이나 예기치 못한 변화가 발생했을 때 정서적으로 얼마나 흔들리는지를 파악하고자 한다.

② 면접 시 유의점

    ㉠ 불안성이 높은 경우 : 불안성이 높은 사람은 의지보다 감정에 따라 행동하기 쉽다. 그러므로 불안성 점수가 높은 지원자는 감정 조절 능력을 강조하고 차분한 태도로 면접에 임하는 것이 좋다.

    ㉡ 불안성이 낮은 경우 : 쉽게 일비일희하지 않아 안정적으로 성과를 낼 수 있는 지원자로 보일 수 있다. 그러므로 면접에서도 이러한 장점을 적절히 부각하여 신뢰감을 주는 것이 좋다.

(4) 독자성

① 특징 : 주변에 대한 견해나 관심보다는 자신의 관점과 느낌을 중요하게 생각하는 개인성의 정도를 측정한다. 주로 독자성이 낮을수록 상식적이며 일반적인 판단 기준에 따라 행동한다고 본다.

② 면접 시 유의점

    ㉠ 독자성이 높은 경우 : 독창적이고 자율적인 사고를 강조할 수 있지만, 규범이나 절차를 중시하는 조직 환경에서는 적응에 어려움을 겪을 가능성이 있다. 해당 경우 협업 과정에서 타인의 의견을 수용하고 조직의 기준을 존중하는 태도를 보이는 것이 좋다.

    ㉡ 독자성이 낮은 경우 : 지나치게 수동적으로 보이지 않아야 한다. 필요한 상황에서는 스스로 판단하고 의견을 제시할 수 있음을 함께 어필하는 것이 좋다.

(5) 자신감

① 특징 : 자신의 능력과 가치를 얼마나 긍정적으로 인식하고 있는지 측정한다. 적정 수준의 자신감 표출은 도전 의지와 안정된 자기 효능감으로 이어질 수 있다.

② 면접 시 유의점

    ㉠ 자신감이 높은 경우 : 자신감 점수가 너무 높으면 오만하게 보일 수 있다. 따라서 겸손한 태도와 함께 타인의 의견을 존중하며 협력한 경험을 제시해 균형 잡힌 인상을 주는 것이 좋다.

    ㉡ 자신감이 낮은 경우 : 소극적이거나 쉽게 좌절할 것으로 평가될 수 있다. 이때는 맡은 일을 책임감 있게 완수한 경험과 꾸준히 발전해 온 모습을 강조하는 것이 좋다.

(6) 고양성

① 특징 : 자유분방함, 명랑함 등과 같은 정서적 활성도를 측정한다. 기본적인 정서적 에너지 수준과 대인 상황에서의 자기표현 방식을 파악하고자 한다.

② 면접 시 유의점

  ㉠ 고양성이 높은 경우 : 착실함과 집중력이 요구되는 직무에서 산만하다는 인상을 남길 수 있으므로 주의가 필요하다. 필요할 때는 착실하고 책임감 있게 업무를 수행할 수 있음을 어필하는 것이 좋다.

  ㉡ 고양성이 낮은 경우 : 안정적인 태도와 일관된 업무 수행력이 기대되나, 지나치게 낮은 경우에는 감정표현이 다소 부족해 보일 수 있다. 차분한 모습으로 소통 면에서의 신뢰감을 주면 좋다.

(7) 진위성

① 특징 : 자신을 필요 이상으로 좋게 포장하거나 기업체가 바라는 이상적인 대답을 하고 있지는 않은지 측정한다. 지원자의 진정성과 일관성을 파악하고자 한다.

② 면접 시 유의점

  ㉠ 진위성이 높은 경우 : 정직하고 외부의 압력과 스트레스에도 흔들리지 않는 사람으로 평가받을 수 있다. 이러한 긍정적인 면을 일관되게 유지하여 면접에 임하는 것이 좋다.

  ㉡ 진위성이 낮은 경우 : 과장되거나 인위적인 답변을 했다는 인상을 줄 수 있다. 솔직하고 꾸며내지 않은 경험을 제시하여 진정성을 드러내고 신뢰를 회복하는 것이 중요하다.

2 행동적 측면

(1) 신중성

① 특징 : 의사결정이나 행동을 취하기 전에 얼마나 면밀히 사고하고 판단하는지를 측정하며, 계획적이고 체계적으로 접근하려 하는 성향을 포함한다.

② 면접 시 유의점

ㄱ 신중성이 높은 경우 : 완벽주의 성향으로 인해 업무 효율성이 저하되거나 변화 대응력이 부족할 것이라는 인상을 줄 수 있다. 신중성뿐만 아니라 추진력 또한 갖추었음을 어필하는 것이 좋다.

ㄴ 신중성이 낮은 경우 : 빠른 실행력을 장점으로 제시하되, 충동적이고 경솔한 유형이라는 평가를 받지 않도록 중요한 결정 시에는 충분한 검토 과정을 거친다는 점을 함께 설명하는 것이 좋다.

(2) 지속성

① 특징 : 목표를 설정한 후 그것을 달성하기 위해 지속적으로 노력을 기울이는 정도를 측정한다. 난관이나 장애물에 직면했을 때도 쉽게 포기하지 않고 끝까지 과업을 완수하려는 태도가 이에 해당한다.

② 면접 시 유의점

ㄱ 지속성이 높은 경우 : 인내심이 많지만 특정 업무에만 몰두하여 유연한 업무 처리가 어려울 것이라는 우려를 남긴다. 상황에 따라 우선순위를 조정하는 유연성을 어필하는 것이 좋다.

ㄴ 지속성이 낮은 경우 : 쉽게 포기하거나 끈기가 부족하다는 인상을 줄 수 있다. 그러므로 맡은 일을 끝까지 책임지고 마무리할 의지가 있다는 점을 분명하게 전달하는 것이 좋다.

(3) 침착성

① 특징 : 예상치 못한 상황이나 압박 속에서도 감정 동요 없이 차분하게 행동할 수 있는지를 측정한다. 위기 상황에서 냉정함을 유지하며 합리적인 판단을 내리는 능력과 관련이 있다.

② 면접 시 유의점

ㄱ 침착성이 높은 경우 : 신중하게 계획을 세워 안정적으로 업무를 수행할 것이라고 평가된다. 차분하게 면접에 임하여 이러한 강점을 입증하되, 소극적이거나 열정이 부족해 보이지 않도록 주의한다.

ㄴ 침착성이 낮은 경우 : 충분한 검토 없이 즉각적으로 행동하는 유형으로 해석될 수 있다. 인사 담당자에게 경솔하다는 인상을 줄 수 있으므로 사려 깊고 신중한 태도를 충분히 드러내는 것이 좋다.

(4) 신체활동성

① 특징 : 신체적인 에너지를 활용하는 활동에 대한 선호와 의지 정도를 측정한다. 활동적 환경과 정적인 환경 중 어떤 상황에서 더 안정적으로 행동하는지를 파악한다.

② 면접 시 유의점

    ㉠ 신체활동성이 높은 경우 : 적극적이고 추진력 있다는 인상을 줄 수 있다. 그러나 집중력과 신중함이 필요한 업무에서는 부정적인 요인으로 평가될 수도 있다. 활동을 통해 얻은 구체적인 성과를 강조하고, 상황에 따라 유연하게 대응하는 능력을 어필하는 것이 좋다.

    ㉡ 신체활동성이 낮은 경우 : 차분하고 안정적인 태도를 지닐 것으로 기대되지만, 자칫 에너지가 부족해 보일 수도 있다. 맡은 일에 적극적으로 성과를 내고자 하는 태도를 강조해 균형 잡힌 이미지를 전달하는 것이 좋다.

(5) 사회적 내향성

① 특징 : 대인 관계 시 나타나는 개방성과 사교성 등을 측정한다. 낯선 상황에서 타인과 상호작용하는 방식, 의사 표현의 적극성, 협업 시 보이는 관계 형성 패턴 등을 파악한다.

② 면접 시 유의점

    ㉠ 사회적 내향성이 높은 경우 : 조용하고 신중한 태도를 보이는 경향이 있다. 과묵하게 보이지 않도록 배려와 경청을 기반으로 한 의사소통 방식을 자연스럽게 드러내어 협업에 문제없다는 인상을 주는 것이 좋다.

    ㉡ 사회적 내향성이 낮은 경우 : 자기주장이 강하거나 협조성이 부족하다는 평가를 받을 수 있다. 면접 상황에서 발언 비중을 조절하고 경청의 태도를 보이면 안정감을 줄 수 있다.

③ 의욕적 측면

(1) 달성의욕

① 특징 : 자신이 설정한 목표를 이루기 위해 노력하고자 하는 성취 지향적인 태도를 측정한다. 높은 이상이나 뚜렷한 목적의식을 가졌는지를 판별한다.

② 면접 시 유의점

    ㉠ 달성의욕이 높은 경우 : 자기 계발 의지 및 경쟁심 등으로 연결될 수 있어 대부분의 조직에서 긍정적으로 평가된다. 다만 점수가 지나치게 높은 경우 독단적이거나 고집이 세 보일 수 있으므로 수용적인 태도를 함께 갖추는 것이 좋다.

    ㉡ 달성의욕이 낮은 경우 : 도전 의지가 부족하거나 목표 설정에 소극적인 인상을 줄 수 있다. 주어진 역할을 꾸준히 수행하여 안정적인 성취를 이룬 경험을 드러내는 것이 좋다.

(2) 활동의욕

① 특징 : 목표를 위해 정신적인 에너지를 발휘하고 적극적으로 행동하려는 활동력 및 추진력을 측정한다. 새로운 일을 마주했을 때 빠르게 움직이고, 상황을 주도적으로 이끄는 것이 이에 해당한다.

② 면접 시 유의점

    ㉠ 활동의욕이 높은 경우 : 대개 상황 판단이 빠르고 실행 능력이 뛰어나다고 평가받는다. 다만 상황에 맞춰 의욕을 조절할 수 있음을 함께 보여 이러한 성향이 과도한 성급함으로 해석되지 않도록 하는 것이 좋다.

    ㉡ 활동의욕이 낮은 경우 : 신중하고 차분한 특성이 강조된다. 소극적인 인재로 해석될 가능성이 있으므로 업무 진행 과정에서 주도성을 발휘할 수 있다는 태도를 보이는 것이 좋다.

TIP 인재상과 나의 실제 성격이 다를 때

기업체의 인재상과 나의 실제 성격이 다를 수 있다. 그럴 때는 자신의 성향을 해석하고 전달하는 방식을 바꾸어 인재상과 연결 짓도록 한다.

- 사회적 내향성이 높은 성격이지만 협동력과 대인관계능력을 중요시하는 인재상을 요구받을 수 있다. 이 경우 내성적이지만 경청을 잘해 갈등 중재에 뛰어나다는 점을 강조한다.
- 사회적 내향성이 낮고 신체활동성이 높아서 성실성을 강조하는 인재상에 맞지 않는 경우가 있다. 이 경우 체력을 기반으로 꾸준히 노력할 수 있는 인재라는 점을 어필한다.

Chapter 03 인성검사의 예시

1 인성검사 유형

(1) 복합형

복합형 인성검사는 하나의 문항 안에 서로 다른 성향을 암시하는 질문을 제시하여 응답자가 어떤 특성을 우선시하는지 확인하는 유형이다. 즉, 응답자의 성향이 얼마나 일관된 기준을 중심으로 정리되어 있는지를 통해 응답자의 균형감각과 우선순위 설정 능력 등을 확인하는 데에 활용된다.

(2) 생각일치형

생각일치형 인성검사는 개인의 가치관, 신념, 사고방식이 어떤 형태를 띠고 있는지 판단하는 유형이다. 주로 업무 태도, 인간관계, 문제 해결 방식과 같이 인지적 판단이 개입되는 영역을 다루는 문항이 출제된다. 이를 통해 지원자의 생각이 상황에 따라 쉽게 바뀌는지, 혹은 일정한 기준에 따라 논리적으로 사고하는지를 확인하고자 한다.

(3) 행동일치형

행동일치형 인성검사는 지원자의 실제 행동 경향을 중심으로 성향을 판단하는 유형이다. 생각이나 태도와 달리 행동은 비교적 꾸며내기 어렵다는 점에서 중요한 평가 자료로 활용될 수 있다. 이 유형은 '어떻게 생각하는가'보다는 '실제로 어떻게 행동해 왔는가'를 기준으로 성향을 파악한다. 즉, 지원자의 실천 가능성과 지속성 등을 중점적으로 평가한다.

(4) 진위형

진위형 인성검사는 문항에 대해 '그렇다/아니다'와 같은 구조로 이분법적 선택을 요구하는 유형이다. 문항 자체는 비교적 단순해 보일 수 있으나, 동일하거나 유사한 내용이 반복적으로 제시되며 응답의 진실성과 일관성을 검증하는 데에 자주 활용된다.

② 복합형 응답 요령과 예시

(1) 응답 요령

복합형 응답법

• 응답 Ⅰ : 각각의 문항에 대해 자신이 동의하는 정도를 ① (전혀 그렇지 않다) ~ ⑤ (매우 그렇다)로 표시한다.
• 응답 Ⅱ : 제시된 문항들을 비교하여 상대적으로 자신의 성격과 가장 가까운 문항 하나와 가장 거리가 먼 문항 하나를 선택한다. 응답 Ⅱ는 가깝다 한 개, 멀다 한 개, 무응답 두 개여야 한다.

(2) 예시 및 해설

질문	응답 Ⅰ	응답 Ⅱ
	① ② ③ ④ ⑤	멀다 가깝다
1. 무슨 일도 좀처럼 시작하지 못한다.		
2. 초면인 사람과도 바로 친해질 수 있다.		
3. 행동하고 나서 생각하는 편이다.		
4. 쉬는 날은 집에 있는 경우가 많다		

〈문항 해설〉

1. 자신감을 구분하는 문항이다.
2. 사회적 내향성을 구분하는 문항이다.
3. 신중성을 구분하는 문항이다.
4. 신체활동성을 구분하는 문항이다.

(3) 응답 전략

① 다양한 응답 유형 사이에서도 일관성을 유지하는 것이 중요하다. 문항 전체에서 흔들리지 않는 핵심 가치를 하나 잡고 응답을 이어 나가는 것이 도움 될 수 있다.

② 모든 항목에서 '매우 그렇다/매우 아니다'를 선택하면 신뢰도가 떨어지고 진정성을 의심받을 수 있다. 너무 이상적이거나 완벽한 사람처럼 보이는 응답은 되도록 피한다.

③ 상황에 따라 유연하게 판단할 수 있다는 인상을 주되, 책임 회피형 응답은 피한다.

③ 생각일치형 응답 요령과 예시

(1) 응답 요령

생각일치형 응답법

제시된 네 가지 질문 중에서 자신과 가장 가깝다고 생각하는 질문에 '가깝다', 자신과 가장 멀다고 생각하는 질문에 '멀다'로 각각 선택한다. 응답은 가깝다 한 개, 멀다 한 개, 무응답 두 개여야 한다.

(2) 예시 및 해설

질문	가깝다	멀다
나는 계획적으로 일을 하는 것을 좋아한다.		
나는 꼼꼼하게 일을 마무리하는 편이다.		
나는 새로운 방법으로 문제를 해결하는 것을 좋아한다.		
나는 빠르고 신속하게 일을 처리해야 마음이 편하다.		

〈문항 해설〉
질문 : 업무 수행에서의 방식·태도·정밀도·속도에 대한 선호를 비교하여 신중성의 수준을 구분하는 문항이다.

(3) 응답 전략

① 유사한 맥락의 문항을 반복적으로 물어 일관성을 확인하는 유형이다. 비슷한 문항은 의미 단위로 기억하여 일관적인 답변을 제시하도록 한다.

② 의미상 양극단의 문항(ex. 나는 꼼꼼하게 일을 마무리하는 편이다/나는 세심하지 못한 편이다)에 모순되는 답변을 하지 않도록 특히 주의한다.

③ 너무 극단적으로 보일 수 있는 문항은 되도록 선택을 피하는 것이 좋다.

4 행동일치형 응답 요령과 예시

(1) 응답 요령

행동일치형 응답법

제시된 ① ~ ④ 질문 중에서 자신과 가장 가깝다고 생각하는 것은 A에 표시하고, 자신과 가장 멀다고 생각하는 것은 B에 표시한다.

(2) 예시 및 해설

1	① 아무것도 생각하지 않을 때가 많다.	A ①②③④
	② 스포츠는 하는 것보다 보는 게 좋다.	
	③ 성격이 급한 편이다.	B ①②③④
	④ 비가 오지 않으면 우산을 가지고 가지 않는다.	

〈문항 해설〉

① 활동의욕을 구분하는 문항이다.
② 신체활동성을 구분하는 문항이다.
③ 침착성을 구분하는 문항이다.
④ 신중성을 구분하는 문항이다.

(3) 응답 전략

① 행동 양상을 분석해서 생각과의 일관성을 판단하는 유형이다. 생각과 행동이 일치할 때 설득력이 높아짐에 유의한다.

② 지원하는 직무의 역할과 맥락을 고려하여, 태도에서 강조한 강점이 행동 사례에서도 입증되도록 응답한다.

③ 너무 극단적인 표현이나 단정 짓는 어조를 가진 문항에 주의하여 응답한다.

⑤ 진위형 응답 요령과 예시

(1) 응답 요령

진위형 응답법

제시된 질문을 읽은 다음 자신에게 해당하는 것이라면 YES를 선택하고, 해당하지 않는다면 NO를 선택한다.

(2) 예시 및 해설

질문	YES	NO
1. 집에 머무는 시간보다 밖에서 활동하는 시간이 더 많은 편이다.		
2. 자주 생각이 바뀌는 편이다.		
3. 사람들과 관계 맺는 것을 잘하지 못한다.		
4. 끈기가 있는 편이다.		
5. 인생의 목표는 큰 것이 좋다.		

〈문항 해설〉

1. 신체활동성을 구분하는 문항이다.
2. 신중성을 구분하는 문항이다.
3. 사회적 내향성을 구분하는 문항이다.
4. 지속성을 구분하는 문항이다.
5. 달성의욕을 구분하는 문항이다.

(3) 응답 전략

① 단순 양자택일의 유형이므로 극단적인 진술이 되지 않도록 특히 주의한다.

② 조직의 인재상에 부합하는 중요한 가치에는 일관된 긍정 답변을 제시하는 것이 좋다.

③ 약한 수준의 부정적 성향을 묻는 문항(ex. 나는 <u>가끔</u> 우울하다)에는 솔직하게 긍정해서 진정성을 드러내는 것이 좋다.

6 상황판단형 응답 요령과 예시

(1) 응답 요령

상황판단형 응답법

상황판단형은 개인의 감정보다 조직 기준에 부합하는 행동을 선택하는 것이 중요하다. 무조건적인 반항, 무조건적인 복종과 같은 극단적인 행동은 감점 요인이 될 수 있다. 문항에서 제시된 상황의 맥락을 먼저 파악한 뒤, 책임성과 협업성을 동시에 고려해야 한다.

(2) 예시 및 해설

문항 질문 : 상사가 규정을 다소 위반하는 방식으로 업무를 처리하라고 지시하였다. 당신의 행동으로 가장 적절한 것은 무엇인가?
① 지시에 따르되, 문제 발생 시 책임은 상사에게 전가한다.
② 규정 위반이므로 즉시 거부하고 문제를 외부 기관에 신고한다.
③ 우선 상사에게 규정 위반 가능성을 설명하고 대안을 제시한다.
④ 지시에 따르되, 별다른 의견은 제시하지 않는다.

〈문항 해설〉
① 책임 회피적 태도로 판단될 수 있으며 조직 신뢰성 측면에서 부정적으로 평가될 가능성이 있다.
② 원칙 중심적 태도는 긍정적이나, 조직 내 해결 노력 없이 즉각 외부 신고를 선택하는 것은 협업성 부족으로 해석될 수 있다.
③ 규정을 존중하면서도 상사와의 소통을 통해 해결을 시도하는 방식으로, 책임감 · 의사소통 능력 · 조직 적응성을 동시에 보여주는 선택이다.
④ 갈등을 회피하고 수동적으로 따르는 태도로 평가될 수 있으며, 문제 해결 능력이 낮게 판단될 가능성이 있다.

(3) 응답 전략

① 상황의 핵심 갈등 요소를 먼저 파악해야 한다.

② 조직 질서를 존중하되 소통과 문제 해결 노력을 포함한 선택지를 우선 고려한다.

③ 감정적 대응이나 책임 회피형 선택은 지양하고, 책임 · 협업 · 합리성이 균형을 이루는 답안을 선택하는 것이 바람직하다.

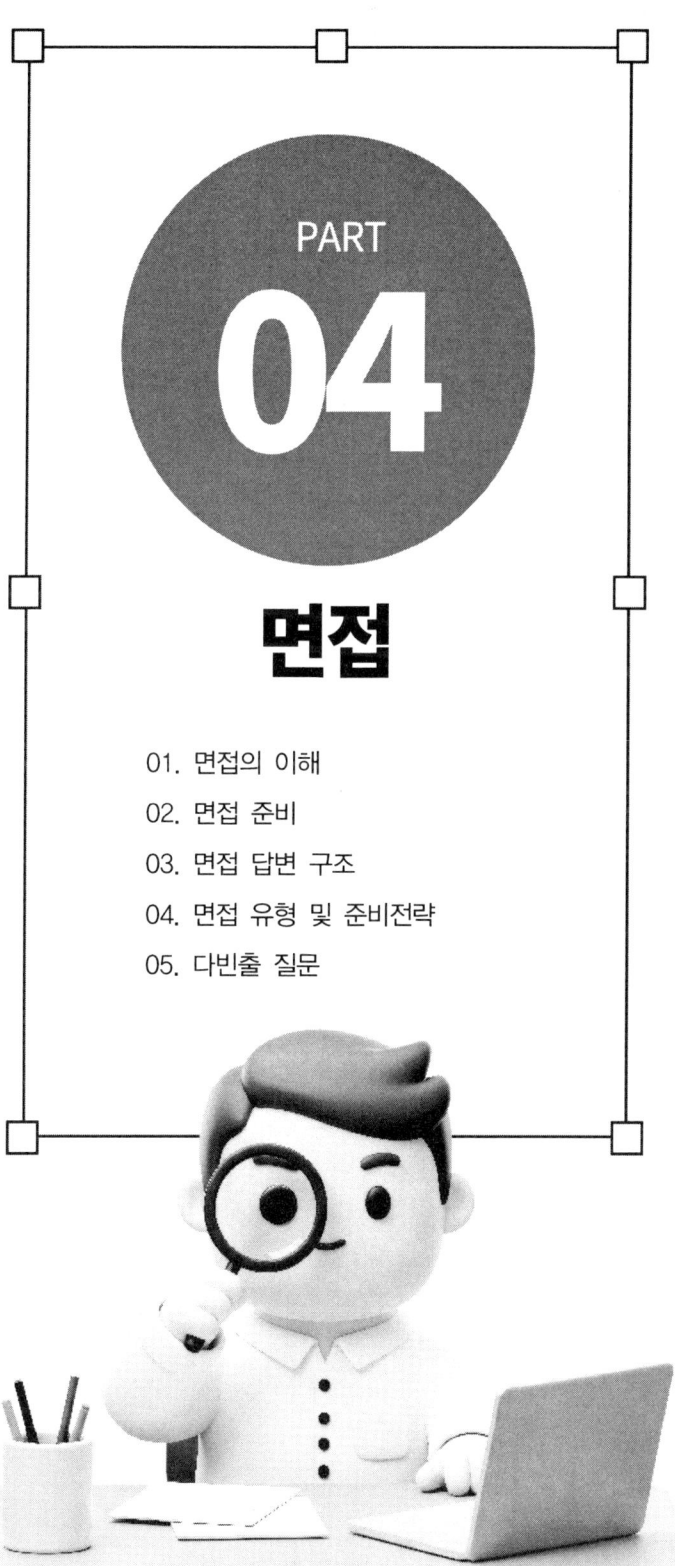

PART

04

면접

면접의 이해

1 면접 목적

(1) 역량 검증

면접은 다양한 기법을 활용하여 지원자가 직무에 필요한 능력을 보유하고 있는지 확인하는 절차이다. 지원자는 직무 수행에 필요한 요건과 관련한 자신의 경험, 관심사, 성취 등을 기업에 직접 어필하고, 인사 담당자는 기업은 서류만으로는 알 수 없는 지원자의 정보를 직접적으로 판단하고 평가한다.

(2) 강점 어필

면접은 보통 대면으로 이루어지며, 즉흥적인 질문을 포함하기 때문에 지원자가 완벽하게 준비하기 어렵다. 그러나 지원자에게는 서류 전형에서 미처 보이지 못한 실제 외국어 능력이나 커뮤니케이션 능력, 비즈니스 매너 등을 인사 담당자에게 추가로 어필하는 기회가 될 수 있다.

(3) 가치관 및 태도 확인

지원자의 성실성, 책임감, 윤리 의식 등 기본적인 인성 요소를 종합적으로 판단한다. 위기 상황에서의 태도, 실패 경험에 대한 인식 등을 통해 가치관의 방향성을 확인한다. 이는 장기 근속 가능성과도 밀접하게 연결되는 평가 요소이다.

(4) 의사소통 능력 평가

면접은 질문을 이해하고 핵심을 구조화하여 전달하는 능력을 평가하는 과정이다. 논리 전개력, 표현의 명확성, 경청 태도 등을 종합적으로 본다. 특히 조직 내 보고 · 협업 환경에서 원활한 소통이 가능한지를 판단한다.

(5) 성장 가능성 탐색

현재 역량뿐 아니라 향후 발전 가능성을 함께 평가한다. 피드백 수용 태도, 자기 성찰 능력, 학습 의지를 통해 잠재력을 확인한다. 즉시 투입 가능한 인재와 동시에 장기적으로 성장할 수 있는 인재를 선별하고자 한다.

② 평가 요소

(1) 경험에 대한 이해와 성찰

면접 평가에서는 지원자가 제시한 경험 그 자체보다 해당 경험을 통해 무엇을 느꼈고 어떤 발전을 이루어냈는지가 더 중요하게 고려된다. 동일한 경험이라 하더라도 문제 인식의 깊이, 판단의 기준, 성찰 정도에 따라 평가가 달라질 수 있다.

(2) 태도와 잠재력

면접관은 지원자의 의사소통 방식, 질문에 대한 반응 등을 통해 협업 능력과 발전 의지를 파악한다. 완벽한 답변보다는 겸손하면서도 주도적인 자세, 피드백을 수용하는 열린 태도, 그리고 조직의 가치관과 부합하는 직업관을 가지고 있을 때 좋은 평가를 받을 수 있다.

(3) 직무 역량

지원 직무와 관련된 이해도, 문제 해결 능력, 실무 적용 가능성을 평가한다. 경험 기반 답변이 구체적일수록 높은 평가를 받을 가능성이 크다.

(4) 의사소통 능력

질문 의도를 정확히 이해하고 구조적으로 답변하는지를 본다. 논리 전개, 핵심 전달력, 태도의 안정성이 중요한 요소이다.

(5) 조직 적합성

기업 문화와의 조화 가능성을 평가한다. 협업 태도, 갈등 해결 방식, 규범 수용 태도 등이 관찰 대상이다.

(6) 태도 및 인성

자신감, 성실성, 책임감, 예의 등을 종합적으로 판단한다. 지나친 과장이나 방어적 태도는 감점 요인이 될 수 있다.

(7) 성장 가능성

현재 능력뿐 아니라 학습 의지와 발전 가능성을 함께 평가한다. 피드백 수용 태도와 자기 성찰 능력도 중요한 요소이다.

① 면접 전 준비 사항

(1) 복장 및 스타일

최근 면접 복장을 점차 자율화하는 추세지만, 인사 담당자와 처음으로 만나는 자리이므로 예의를 갖춰 단정하게 입는 것이 좋다.

- 깔끔한 셔츠나 블라우스에 슬랙스를 매치하는 것이 가장 무난하다. 여성의 경우 단정한 원피스도 좋은 선택지가 될 것이다.
- 너무 화려한 액세서리와 넥타이, 높은 구두는 피하는 것이 좋다.
- 헤어스타일 역시 복장의 일부이기에 단정하게 정돈한다. 앞머리가 있다면 눈을 가리지 않도록 정리한다. 여성의 경우 묶이지 않는 길이가 아니라면 깔끔하게 묶는 것을 권장한다.

(2) 조직 정보 확인

지원한 조직의 홈페이지에서 비전과 경영 목표 등을 미리 확인한다. 조직마다 지향점이 다르고, 그 지향점에 따라 지원자에게 바라는 인재상 또한 달라지기 때문이다. 조직에서 제시하는 핵심 가치나 인재상에 자신의 경험과 강점을 연결 지어 답변할 수 있도록 준비한다.

(3) 시간 준수

예절의 기본은 시간이다. 지각할 경우 면접에 응시할 수 없거나 불이익을 받을 가능성이 높다. 면접 시간과 장소가 결정되면 가장 먼저 교통편과 소요 시간을 미리 확인하도록 한다. 가능하면 사전에 방문해 본다. 면접 당일 여유를 가지고 20 ~ 30분 전에 도착하는 것이 좋다.

(4) 지원서와 자기소개서 숙지

인성 면접은 지원서와 자기소개서에 관한 내용을 바탕으로 진행하기 마련이다. 그러므로 작성했던 지원서와 자기소개서를 사전에 충분히 숙지하도록 한다. 특히 자신이 작성한 경험이나 성과에 대해 '왜 그렇게 했는지', '그 과정에서 무엇을 배웠는지' 등의 세부 내용을 명확히 알고 있어야 꼬리 질문에 대비할 수 있다.

(5) 최신 뉴스와 시사상식 파악

사회 이슈에 대한 견해나 시사상식에 관한 질문에 대비하기 위해, 지원한 분야와 관련된 최신 뉴스와 시사상식을 알아 두는 것이 좋다. 이런 부분에서 해당 조직에 대한 관심, 입사 의지, 직무 이해도 등을 보일 수 있다.

(6) 예상 질문 및 답변 준비

사전에 다빈도 기출 질문 리스트를 만들고 예상 답변을 정리해 본다. 다소 긴장한 상태에서도 자연스럽게 답할 수 있도록 반복해서 연습한다. 거울을 보며 말하거나 답변하는 자신의 모습을 동영상으로 촬영해 보는 것도 도움이 될 수 있다.

(7) 면접 점검표

점검사항	확인
① 면접 장소를 확인했다.	
② 면접 장소까지의 교통편과 소요 시간을 확인했다.	
③ 지원한 조직의 비전과 목표를 확인했다.	
④ 지원한 조직의 인재상을 확인했다.	
⑤ 면접 자리에 알맞은 복장을 준비했다.	
⑥ 헤어스타일을 단정하게 정돈했다.	
⑦ 지원서와 자기소개서를 숙지했다.	
⑧ 지원한 조직의 보도 자료를 확인했다.	
⑨ 지원 분야와 관련된 최신 뉴스를 확인했다.	
⑩ 지원 분야와 관련된 시사상식을 숙지했다.	
⑪ 다빈도 기출 질문 리스트를 만들고 예상 답변을 정리했다.	

② 면접 중 유념 사항

(1) 자세

① 인사를 할 때는 목만 숙인다거나 흐트러진 상태가 되지 않도록 주의한다.

② 걸을 때는 상체를 곧게 유지하고 발끝은 평행이 되게 하며 무릎은 스치듯 11자로 걷는다. 보폭은 어깨너비만큼이 적당하지만, 스커트를 입은 경우 보폭을 줄인다.

③ 서 있을 때는 팔을 자연스럽게 내리고 양손을 가볍게 쥐어 바지 옆선에 붙인다. 스커트를 입은 경우 공수 자세를 유지한다.

④ 앉아 있을 때 시선은 정면을 바라보며 턱은 가볍게 당기고 미소를 짓는다.

⑤ 앉고 일어날 때는 자세가 흐트러지지 않도록 의식해서 행동한다.

(2) 언어적 표현

① 인사말을 할 때는 밝고 친근감 있는 목소리로 또박또박 발성하며, 이름과 응시직렬, 수험번호 등을 간략하게 소개한다.

② 면접은 면접관과 지원자가 서로 이야기를 나누는 과정이므로 목소리가 미치는 영향력이 상당히 크다. 때문에 적절한 답변을 하더라도 자신감 없는 작은 목소리나 콧소리를 동반하면 신뢰감이 떨어질 수 있다. 부드러우면서 명확한 목소리를 유지하는 것이 바람직하다.

(3) 비언어적 표현

① 표정은 감정을 가장 잘 표현할 수 있는 의사소통 도구이며, 면접에서 지원자의 첫인상을 결정하는 중요한 요소 중 하나이다. 따라서 면접 중에는 밝은 표정으로 미소를 지어 호감을 형성할 수 있도록 한다.

② 시선은 면접관과 고르게 맞추고 생기 있는 눈빛을 띠도록 한다. 인사 시에는 상대방의 눈을 보며 하는 것이 가장 중요하지만, 너무 빤히 쳐다본다는 느낌이 들지 않도록 주의한다.

③ 면접관의 감점 포인트

(1) 질문 의도 파악 실패

질문과 무관한 답변을 장황하게 이어가는 경우 감점 요인이 된다. 면접은 말하기 시험이 아니라 질문에 정확히 답하는 능력을 평가하는 과정이다. 질문의 핵심을 파악하지 못하면 직무 이해도와 사고력에 대한 신뢰가 낮아질 수 있다.

(2) 경험의 구체성 부족

추상적인 표현이나 일반론적 답변은 실제 역량 검증이 어렵다. 열심히 했다, 최선을 다했다와 같은 표현은 설득력이 낮다. 구체적인 상황 · 행동 · 결과가 제시되지 않으면 직무 수행 가능성에 의문이 생길 수 있다.

(3) 책임 회피형 태도

실패 경험을 설명하면서 타인이나 환경 탓으로 돌리는 태도는 부정적으로 평가된다. 조직은 완벽한 인재보다, 문제를 인식하고 개선하는 인재를 선호한다. 책임을 인정하고 학습한 점을 제시하지 못하면 성장 가능성 점수가 낮아질 수 있다.

(4) 과도한 자기 연출

지나치게 이상적이거나 완벽한 모습만을 강조하면 진정성이 의심될 수 있다. 실제 경험과 동떨어진 과장된 답변은 추가 질문에서 쉽게 드러난다. 완벽한 사람보다 예측 가능한 사람을 선호한다는 점을 이해해야 한다.

(5) 비언어적 태도의 불안정성

시선 처리, 표정, 자세, 말의 속도는 신뢰감 형성에 영향을 미친다. 과도한 긴장으로 인한 급한 말투나 불안정한 태도는 준비 부족으로 해석될 수 있다. 안정된 자세와 일정한 말하기 속도는 내용 이상의 평가 요소가 된다.

면접 답변 구조

 **STAR**

(1) 정의 및 특징

상황과 경험 면접에서 주로 사용한다. 어려운 상황을 극복했던 경험, 갈등을 중재했던 경험 등을 묻는 질문에 답하기 좋다.

상황(situation) 계기나 상황	→	업무(task) 맡은 업무	→	실행(action) 실행한 사례	→	결과(result) 실행의 결과

(2) 질문 답변 예시

> Q. 가장 힘들었던 때와 그때를 극복해 낸 경험을 말해 보십시오.

① S : 고등학교 이 학년 때 동아리 회장직을 맡게 되었습니다. 그런데 내부 갈등으로 인원과 예산이 줄어 동아리를 폐쇄해야 할 위기에 직면했습니다.

TIP 당시 상황과 맥락을 들어 사건의 시발점을 간결하게 제시한다.

② T : 저는 동아리 재건에 도전하기로 결심했습니다. 동아리 활성화를 위해 가장 중요한 것은 사람이라고 생각했고, 새로운 동아리 회원을 모집하고자 했습니다.

TIP 주어진 책임이나 목표를 언급하며, 해결해야 했던 핵심 과제 또는 맡은 업무를 중심으로 답변한다.

③ A : 그래서 동아리 홍보 포스터를 만들어 일 학년 게시판이나 복도에 중심적으로 게시하고, 점심시간과 쉬는 시간에 선생님들께 양해를 얻어 일 학년 교실에서 동아리 홍보를 하기도 했습니다.

TIP 중심이 되는 부분이므로 명확하게 전달한다. 문제 해결을 위해 취한 행동을 구체적으로 설명하며, 능동 표현을 사용하는 것이 좋다.

④ R : 그 결과 폐쇄 위기였던 저희 동아리는 일 년 만에 학교에서 신입생이 가장 많은 동아리가 되었고, 이후 다양한 활동을 하며 동아리를 활성화했습니다. 이 경험으로 문제 해결을 위해 주도적으로 행동하는 자세의 중요성을 배울 수 있었습니다.

TIP 구체적인 성과를 언급하며 마무리한다. 가능하다면 수치나 객관적 지표를 제시하는 것이 효과적이다. 배운 점 또는 느낀 점을 덧붙이면 더 좋은 인상을 남길 수 있다.

2 SCAR

(1) 정의 및 특징

압박이나 개별 면접에서 주로 사용한다. 갈등이나 위기, 도전 경험을 설명하는 데 유용하게 사용할 수 있다.

상황(situation)	→	위기(crisis)	→	행동(action)	→	결과(result)
상황 설명		위기 상황		위기 해결 행동		행동의 결과

(2) 질문 답변 예시

> Q. 갈등 상황을 중재한 적이 있습니까? 있다면 경험을 말해 보십시오.

① S : 팀 프로젝트에서 자료 분석 방향을 두고 두 명이 서로 다른 해석을 주장하며 큰 의견 차이를 보인 적이 있었습니다.

TIP 지원 분야와 관련한 전문적인 과제 및 업무 상황의 내용을 제시하면 유리하다.

② C : 가벼운 토의에서 시작했지만 분석 기준과 책임 범위를 두고 감정적인 논쟁으로까지 번졌고, 이에 따라 프로젝트가 무산될 위험까지 생겼습니다.

TIP 위기 또는 갈등 상황을 구체적으로 설명한다. 예상되었던 부정적인 결과를 덧붙이면 상황의 심각성을 더욱 설득력 있게 전달할 수 있다.

③ A : 저는 우선 갈등 악화를 막기 위해 회의를 중단하고, 이후 중립적인 기준을 바탕으로 두 주장을 정리한 뒤, 타협안을 도출해서 다음 회의 때 제시했습니다.

TIP 자신의 역할과 행동을 중심으로 답변한다. 가능한 경우 문제의 접근 방법과 합리적인 판단의 근거 등을 함께 설명하면 좋다.

④ R : 그 결과, 의견이 원만하게 통일되어 프로젝트에서 만족스러운 결과를 얻을 수 있었습니다. 저는 이를 통해 양측의 입장을 헤아려 합리적인 해결책을 제시하는 중재자의 역할을 경험했습니다.

TIP 앞서 언급한 행동의 긍정적인 결과를 제시하고, 그로 인해 얻은 교훈이나 역량으로 마무리한다.

③ PREP

(1) 정의 및 특징

토론이나 발표 면접에서 주로 사용한다. 논리적인 이유와 실제 사례 및 데이터에 기반하므로 설득력 있는 주장을 펼칠 수 있다.

주장(point)		이유(reason)		사례(example)		주장(point)
주장 제시	→	논리적 이유	→	근거 보충	→	주장 강조

(2) 질문 답변 예시

> Q. 재택근무 제도에 대해 어떻게 생각하십니까?

① P : 저는 재택근무 제도에 찬성합니다. 그리고 재택근무의 확대가 조직의 발전에 도움이 된다고 생각합니다.

TIP 주장과 주장의 핵심이 되는 내용을 시작으로 답변을 전개한다. 짧고 간결한 표현을 사용하면 좋다.

② R : 업무 특성에 따라 유연한 근무 환경을 제공하면 직원들의 업무 집중도와 조직 전체의 효율성이 높아질 수 있기 때문입니다.

TIP 주관적인 판단보다는 주제를 객관적으로 파악하는 관점을 가지는 것이 좋다.

③ E : 실제로 근래에 많은 기업이 재택근무를 도입하기 시작했는데, 출퇴근 시간 단축과 자율적인 근무 환경으로 만족도와 생산성이 동시에 향상되었다는 조사 결과가 있었습니다.

TIP 근거와 직접적으로 연결되는 부연 설명을 덧붙인다. 연구 결과, 기사, 통계 등을 활용하면 신뢰성과 설득력을 높일 수 있다.

④ P : 그러므로 재택근무 제도를 적극 도입해 근무자의 업무 수행력을 높일 수 있도록 도와야 한다고 생각합니다.

TIP 마무리 단계에서 처음 주장을 반복함으로써 자신의 의견을 강조할 수 있다. 제안이나 기대 효과 등을 함께 언급하면 논리의 전문성을 높이는 데 도움이 된다.

4 OREO

(1) 정의 및 특징

토론이나 발표 면접에서 주로 사용한다. 설득보다는 설명과 이해를 좀 더 중시한다는 특징이 있다.

주장(opinion)		이유(reason)		예시(example)		주장(opinion)
주장 명시	→	논리적 이유	→	구체적 예시	→	주장 강조

(2) 질문 답변 예시

> Q. 현재 동물 학대 처벌 수준에 대해 어떻게 생각하십니까?

① O : 저는 동물 학대에 대한 처벌을 크게 강화해야 한다고 생각합니다.

TIP 도입부에서 자신의 주장을 명확하게 제시한다. 추상적이거나 애매한 입장은 피하고 확실한 태도를 갖는 편이 더욱 신뢰감을 줄 수 있다.

② R : 동물 또한 감정과 고통을 가진 존재이기 때문에 윤리적으로 충분히 보호받아야 할 필요가 있습니다. 그러나 현행 처벌 수준으로는 동물 학대의 실질적인 억제 효과가 부족합니다.

TIP 의견을 뒷받침하는 논리적 근거를 중심으로 답변한다. 이때 주장과 이유의 인과관계를 분명히 하여, 타당하고 듣는 이가 납득하기 쉽게 구성하는 것이 좋다.

③ E : 일부 국가에서는 동물 학대에 대한 처벌을 강화한 후, 관련 범죄가 감소하고 동물 복지 의식이 높아졌다는 보고가 있습니다. 예를 들어, 독일은 헌법에 동물 보호를 명시하고 학대자에 대해 최대 3년의 징역형을 집행하면서, 동물 학대가 매우 드문 국가가 된 사례가 있습니다.

TIP 구체적인 사례나 통계를 제시하여 주장과 이유를 보다 자세히 설명한다. 이때 검증할 수 있고 신뢰가 가는 자료를 채택하는 것이 좋다.

④ O : 따라서 동물 학대에 대한 처벌을 대폭 강화해 실질적인 동물 복지를 개선하고 사회 전반의 윤리적 수준을 높여야 한다고 생각합니다.

TIP 핵심 의견을 다시 강조하며 마무리한다. 가능하다면 예상되는 결과나 미래 전망 등을 함께 언급해서 결론을 더 강조할 수 있다.

면접 유형 및 준비전략

1 인성면접

(1) 평정 요소

① 대인관계능력

> • 처음 만나는 사람과 쉽게 친해지는 편입니까?
> • 생각이 다른 동료와 함께 일했을 때 어떻게 협업했습니까?
> • 업무 중 동료와 갈등이 생긴다면 어떻게 하겠습니까?

㉠ 협조성과 갈등 중재 능력, 팀워크 등을 심사하는 질문이다. 인사 담당자로서는 동료들과 얼마나 원활한 관계를 형성하고 유지해 나가는지도 중요한 평정요소이다.

㉡ 대인관계능력은 의사소통에서 시작한다. 의사소통능력은 단순히 조리 있게 말을 잘 하는 것뿐만 아니라 경청하는 자세, 문서를 읽고 쓰는 능력, 기초 외국어 능력까지 포함한다.

② 자기계발능력

> • 가장 힘들었던 때와 그때를 극복해 낸 경험을 말해 보십시오.
> • 입사 후 전문성을 키우기 위해 어떤 자기 계발을 할 계획입니까?
> • 새로운 업무 시스템이나 절차가 도입되었을 때 빠르게 이해하고 적응했던 경험이 있습니까?

㉠ 과거에 자기 계발을 했던 경험, 또는 입사 후 포부 등 다양한 형태로 질문한다.

㉡ 과거의 경험은 자신의 부족한 점이나 약점을 인식한 후 어떤 노력을 통해 극복했는지, 입사 후 포부는 자신의 부족한 점을 어떻게 더욱 개발할지를 묻는다.

③ 스트레스 관리

> • 취미가 무엇입니까?
> • 자신만의 스트레스 관리법이 있습니까?
> • 평소 여가시간을 어떻게 보내는 편입니까?

㉠ 스트레스를 어떻게 관리하고 해소하는지를 통해 인사 담당자는 해당 지원자가 압박 상황에서 어떻게 대처하는지를 알 수 있다.

㉡ 취미나 여가 시간을 묻는 단순한 질문에도 자신의 직무 역량과 연결해 답하는 것이 중요하다.

④ 성실성

- 장기간 꾸준히 노력했던 경험을 말씀해 주십시오.
- 마감 기한이 촉박했던 상황에서 어떻게 대응했는지 구체적으로 설명해 보십시오.
- 반복적이고 단조로운 업무를 맡았을 때 어떻게 동기를 유지했습니까?

㉠ 성실하게 근무를 했었던 경험에 대해서 질문한다.

㉡ 장기 근속 여부 및 맡은 업무를 성실하게 할 수 있는 가를 중요하게 확인한다.

⑤ 책임감

- 본인의 실수로 문제가 발생했던 경험과 그 해결 과정을 설명해 보십시오.
- 팀 프로젝트에서 갈등이 발생했을 때 본인은 어떤 역할을 했습니까?
- 맡은 역할 이상으로 추가적인 책임을 수행했던 경험이 있다면 말씀해 주십시오.

㉠ 업무에 책임감을 확인하는 평정요소이다.

㉡ 문제 해결을 한 경험에 대해서 빈번하게 묻는다.

⑥ 가치관 및 조직적합성

- 조직 내에서 규정과 개인의 판단이 충돌한다면 어떻게 행동하시겠습니까?
- 본인이 중요하게 생각하는 직장인의 덕목은 무엇입니까?
- 상사의 지시가 본인의 생각과 다를 경우 어떻게 대응하시겠습니까?

㉠ 가치관을 확인하는 질문을 하는 평정요소이다.

㉡ 인성검사 결과와 연관되는 질문을 빈번하게 하는 편이다.

⑦ 의사소통 태도 및 안정성

- 본인의 의견이 받아들여지지 않았던 경험을 설명해 보십시오.
- 예상치 못한 질문을 받았을 때 어떻게 대응하시겠습니까?
- 면접과 같은 긴장 상황에서 본인을 어떻게 조절하십니까?

㉠ 의사소통 및 소통능력을 확인하는 평정요소이다.

㉡ 동료들과 의사소통을 통해서 갈등을 해결한 경험을 주요하게 물어본다.

(2) 준비전략

인성면접은 지원자의 인품을 넘어 상기 평정 요소들을 평가하는 일종의 구술시험이다. 따라서 인성 평가라는 사고에 갇혀 무난한 모범 대답만 반복하는 것은 피해야 한다. 질문의 의도를 파악하고 그것을 조리 있게 말하는 능력이 중요하다. 주로 지원서나 자기소개서에 기반으로 하는 질문 또는 사회적으로 쟁점이 되는 뉴스와 시사상식에 대한 견해를 묻기 때문에 해당 내용을 사전에 숙지해야 한다.

② 직무면접

(1) 평정 요소

① 직무상식

> • A 프로그램을 사용할 수 있습니까?
> • 해당 업무를 수행할 때 바람직한 태도는 무엇입니까?
> • 직무와 관련해 개인적으로 학습하거나 준비한 것이 있습니까?

ㄱ 직무를 수행할 최소한의 학습 경험과 이해도·관심도를 갖추었는지를 평가한다.

ㄴ 해당 직무를 담당할 때 필요한 기초 지식과 태도 등의 이해를 필요로 한다.

ㄷ 전공 개론 수준의 이론 또는 사용하는 툴이나 프로그램 등을 묻는다.

② 응용능력

> • 업무 과정에서 비효율적인 부분을 발견하고 개선한 경험이 있습니까?
> • 업무에서 실수를 줄이고 정확성을 유지하기 위한 자신만의 방법이 있습니까?
> • 업무 마감 시간이 얼마 남지 않았는데 시스템 오류가 발생했다면 어떻게 하겠습니까?

ㄱ 직무 지식을 실제 현장에서 응용할 수 있는지 파악하기 위한 질문이다.

ㄴ 직무와 관련된 상황을 분석하고 해결 전략을 제시하는 논리적 사고를 필요로 한다.

ㄷ 어떠한 상황을 주고 그 상황에서 본인이라면 어떻게 할 것인지를 묻는 경우가 많다.

③ 직무이해도

> • 이 직무를 수행하는 데 가장 중요한 역량은 무엇이라고 생각합니까?
> • B 법이 다음 달부터 개정 발효되는데 이유를 알고 있습니까?
> • C 안건을 본인이 한다면 어떤 순서로 하겠습니까?

ㄱ 지원하는 업무를 정확히 이해하고 있는지를 확인하기 위한 질문이다.

ㄴ 자신이 어떤 일을 해야 하는지 알고 해당 직종의 정책 및 지향점을 명확히 파악하는 것이 중요하다.

ㄷ 직무에 대한 세부적인 질문을 받았을 때, 기업의 비전 또는 미션과 해당 직무의 역할을 연결 지어 답변하는 것 또한 좋은 어필이 된다.

(2) 준비전략

직무면접은 지원자의 직무 적합성을 검증하기 위한 면접이므로, 지원하는 직무에 대한 기본 이론부터 응용상식까지 포괄적인 내용을 숙지하는 것이 중요하다. 채용 공고의 직무 설명, 홈페이지의 기업의 직무 소개, NCS 직무기술서 등을 토대로 필요 역량과 툴 등을 명확하게 파악하도록 한다.

③ AI 면접

(1) 특징

AI가 면접관 역할을 대신하는 비대면 면접 유형 중 하나이다. 화상 카메라, 마이크 등을 준비해야 한다는 번거로움이 있지만, 시간과 장소의 제약이 없다는 것이 장점이다. AI가 지원자의 시선, 말투, 표정, 제스처까지 전부 분석하고 많은 인원의 면접을 빠르게 치를 수 있다는 점에서 AI 면접을 선호하는 곳이 늘고 있다.

(2) 준비전략

① AI 면접에서는 시선처리와 발음, 응답속도가 중요한 평가 요소로 작용한다. 많은 지원자가 카메라가 아닌 화면을 보는 실수를 하는데, AI 면접 시에는 화면이 아닌 카메라를 정확히 보는 연습을 하는 것이 좋다.

② 음성 인식 정확도를 높이기 위해서는 또박또박 천천히 말하고, 질문이 끝난 뒤 2 ~ 3초 정도의 간격을 두고 대답한다.

④ 개별면접

(1) 특징

한 명 또는 여러 명의 면접관과 한 명의 지원자가 면접을 치르는 것이다. 지원자가 한 명인 만큼 심층적인 질문과 다양한 꼬리 질문을 받는다. 지원자의 사고 과정과 태도를 집중적으로 검증할 수 있다는 특징이 있다.

(2) 준비전략

① 심화 질문에 대비하기 위해서는 채용 공고, 기업의 비전과 미션, 보도 자료, 직종과 관련된 시사상식, 최근 이슈, 지원서와 자기소개서 등을 모두 꼼꼼하게 숙지하도록 한다.

② 다 대 일 면접의 경우 심리적 압박감이 강할 수 있으므로 모의 면접을 통해 여러 면접관의 질문에 차분히 대응하는 연습을 해두는 것이 좋다.

③ 한 면접관의 질문에 답변할 때도 다른 면접관들과 자연스럽게 시선을 나누며 소통하는 자세를 유지해야 한다.

5 토론면접

(1) 특징

면접자들을 조별로 나누어 특정 주제를 주고 찬반 토론을 하도록 하는 면접이다. 토론을 통해 도출해 낸 최종안도 중요하지만, 결론을 도출하는 과정에서의 의사소통능력 및 갈등 상황에서 의견을 조정하는 대처 능력 등도 중요하게 평가된다.

(2) 준비전략

① 적극적으로 나의 의견을 주장하는 것도 중요하지만, 경청하고 조정하는 능력도 평정 요소 중 하나라는 사실에 유념하여 토론에 임해야 한다. 다른 사람이 발언할 때 고개를 끄덕이거나 적절한 반응을 보이며 경청하는 비언어적 커뮤니케이션을 잊지 않도록 한다.

② 주제는 주로 최근 사회 이슈나 업계 관련 쟁점 중에서 나오는 경우가 많으므로 이를 중심으로 공부하는 것이 좋다.

6 상황면접

(1) 특징

실제 업무 중 마주할 수 있는 상황을 제시하고 어떻게 행동할 것인지를 묻는 방식으로 진행하는 면접이다. 현장에서 겪을 수 있는 상황을 제시함으로써 입사 이후의 실제적인 업무 수행 능력을 중점적으로 평가한다.

(2) 준비전략

① 상황면접 특성상 면접 질문이 길다는 점에 유의한다. 질문의 핵심 의도를 짚어내고 적절한 답을 제시할수록 높은 점수를 얻을 수 있다.

② 다양한 관점을 고려하여 어려운 문제 상황에 대한 답을 미리 생각해 보고 구조화된 면접 답변을 준비하는 것이 좋다.

7 비대면 면접

(1) 특징

면접관과 지원자가 대면하지 않은 상태에서 진행하는 면접이다. 화상 프로그램을 통해 면접관과 질의문답을 주고받는 것과, 주어진 주제나 질문에 답하는 모습을 녹화하여 제출하는 것 두 종류로 나뉜다. 면접관이 사람이라는 점에서 AI 면접과는 차이가 있다.

(2) 준비전략

① 카메라와 마이크가 잘 작동하는지, 프로그램 설치나 설정이 맞게 되어있는지를 사전에 반드시 점검하도록 한다.

② 화면이 아닌 카메라 렌즈를 향해서 자연스러운 시선 처리를 유지하고, 질문이 끝난 뒤 2 ~ 3초의 간격을 두고 또렷하게 답변하는 것이 좋다.

③ 시스템 오류 등의 예상치 못한 상황이 벌어지더라도 당황하지 않고 침착하게 담당자의 안내에 따르도록 한다.

8 외국어 면접

(1) 특징

외국어로 진행되는 면접으로, 외국계 기업이나 업무상 외국어를 많이 사용하는 직종에서 주로 시행한다. 전문용어나 비즈니스 매너 등까지 전반적으로 갖춰야 하므로, 원어민 면접관이 면접을 진행하는 때도 많다.

(2) 준비전략

① 중요한 건 자신감이다. 면접장에서 외국어를 완벽하게 구사해야 한다는 사실을 부담스러워하는 지원자가 많다. 그러나 완벽하지 않더라도 자신감 있게 나를 표현하는 모습이 좋은 평가를 받을 수 있다.

② 문화권마다 예의범절이나 비즈니스 매너 등이 다르다는 점에 유의하고 미리 숙지하도록 한다.

⑨ 발표면접 (PT면접)

(1) 특징

지원자가 제시된 특정 주제와 자료를 토대로 자기 생각을 발표하는 면접이다. 주어진 자료에서 핵심 주제와 맥락을 짚어낼 수 있는 능력과, 그것들을 기반으로 문제를 해결할 수 있는 능력 등이 주요 평정 요소이다.

(2) 준비전략

① 주제와 상황을 명징하게 파악하는 것이 가장 중요하다. 강조하고자 하는 핵심을 찾아내고, 서론 - 본론 - 결론의 체계적인 구조를 사용하여 이를 드러내는 것이 좋다.

② 발표할 때는 주어진 시간을 엄수하여 명확하고 자신 있는 태도로 한다.

⑩ 다(多) 대 다(多) 면접

(1) 특징

다수의 면접관과 다수의 지원자가 함께 면접을 보는 것이다. 개별 역량뿐만 아니라 다른 지원자들과의 상호작용, 경쟁 상황에서의 태도 등을 종합적으로 평가한다. 제한된 시간 내에 자신을 효과적으로 드러내야 하는 점이 어렵지만, 다른 지원자와 비교하여 자신의 취약점이나 강점을 파악할 수 있다는 장점도 있다.

(2) 준비전략

① 사람들 사이에서 자신을 보여주는 것도 중요하지만, 다른 지원자들을 향한 태도도 중요하다. 다른 지원자가 답변할 때는 그 지원자를, 면접관이 질문할 때는 그 면접관을 바라보며 경청하는 태도를 보인다.

② 다른 지원자와 답변이 겹치지 않도록 한 질문에 다양한 답변을 준비하는 것이 좋다.

Chapter 05

다빈출 질문

Q. 자기소개를 간단하게 해 보세요.

A. 안녕하십니까, A사 B직에 지원한 OOO(이)라고 합니다. 저는 제 핵심 강점인 책임감을 바탕으로, 어느 조직에서나 끈질긴 분석과 협업을 통해 목표 달성에 기여하고자 노력해 왔습니다. 이 과정에서 업무에 필요한 문제 해결 능력과 추진력 또한 키울 수 있었습니다. 실제로 여러 프로젝트에 참여하여 직접 제안한 아이디어로 성과 개선에 기여한 경험이 있습니다. 입사 후에도 이러한 역량과 경험을 바탕으로 빠르게 업무에 적응하고, 장기적으로는 A사의 핵심 인재로 성장할 수 있도록 노력하겠습니다. 감사합니다.

TIP 블라인드 면접 시 학교명이나 나이 등의 신상정보를 빼고, 직무와 관련된 강점 중심으로만 답변해야 한다. 자신의 성향을 한 문장으로 요약하고, 이어서 간단한 경험으로 근거를 제시한 뒤, 그 역량이 지원 직무에 어떻게 도움이 되는지 언급하며 마무리하면 좋다.

Q. 우리 회사를 지원한 이유는 무엇입니까?

A. 회사의 성장 방향성 및 추구하는 목표가 제 가치관과 역량에 잘 맞는다고 생각했기 때문입니다. 저는 조직의 성격과 구성원의 역량이 맞닿을 때 가장 큰 성과를 만든다고 믿습니다. A사가 명확한 목표를 갖고 체계적으로 성장 전략을 실천하는 조직 문화를 갖추고 있으며, 구성원들이 도전하면서도 협업을 중시하는 환경에서 일하고 있다는 점이 인상 깊었습니다. 저 또한 A사에서 책임감 있게 협업하고 결과를 내는 사람으로 성장하고 싶어 지원했습니다.

TIP 홈페이지나 채용 공고에서 언급되는 핵심 가치 또는 인재상을 파악하고, 이를 자신의 성향과 연결 지어 기업과 자신의 지향점이 일치함을 강조하는 것이 바람직하다. 마무리는 능동적이고 미래지향적인 표현을 사용해 입사 의지를 드러내면 좋다.

Q. 해당 직무에 지원한 이유는 무엇입니까?

A. 저는 문제를 해결하고 가치를 창출하는 과정에서 큰 성취를 느끼는 사람입니다. 해당 직무가 분석을 바탕으로 명확한 결과를 만들어내며, 팀과 조직 목표 달성에 직접적으로 기여할 수 있다는 점이 매력적으로 다가왔습니다. 이전에도 주어진 과제를 체계적으로 분석하고 접근하여 성과를 낸 경험이 많이 있습니다. 때문에 해당 직무에서 제 흥미와 역량을 가장 효과적으로 발휘할 수 있다고 생각했습니다.

TIP 직무에 대한 지원자의 이해도와 직무 적합성을 파악하기 위한 질문이다. 효과적인 답변을 위해서는 지원하는 직무의 핵심 역할을 정확히 파악하고 있다는 사실을 드러내고, 그 안에서 자신의 역량을 발휘할 수 있다는 점을 어필하는 것이 좋다. 해당 역량을 효과적으로 발휘한 사례를 더하면 설득력을 높일 수 있다.

Q. 자신의 장·단점은 무엇이라고 생각합니까?

A. 저의 장점은 인내심입니다. 어렵고 힘든 문제를 만나도 쉽게 포기하지 않고 해결할 때까지 끊임없이 노력하기 때문입니다. 단점은 목표가 없으면 다소 나태해진다는 점입니다. 이를 극복하기 위해서 평소에도 맡은 일에 단계별로 구체적인 목표와 계획을 세우고 점검하는 습관을 만들었습니다.

TIP 장·단점을 묻는 질문은 자신의 약점을 어떻게 관리하고 성장의 계기로 삼는지를 평가하기 위한 목적이 있다. 따라서 단점을 언급할 때는 너무 사소하거나 추상적인 것보다는 개선 가능성과 보완 의지를 드러낼 수 있는 현실적인 문제를 제시하는 것이 좋다.

Q. 취미가 무엇입니까?

A. 제 취미는 조깅입니다. 몸과 마음이 개운해질 뿐만 아니라 생각도 정리할 수 있기 때문입니다. 건강관리에 큰 도움이 되고 있기 때문에 조금 바쁘거나 피곤하더라도 시간을 내 꾸준히 조깅이나 산책을 하고 있습니다.

TIP 취미를 통한 지원자의 성실성, 자기관리 태도 등을 파악하려는 의도를 내포한다. 따라서 단순히 '운동을 좋아한다', '독서를 한다'처럼 열거식으로 답하기보다, 해당 취미가 자신에게 어떤 긍정적 영향을 주는지를 들어 답변하는 것이 바람직하다.

Q. 여가 시간은 주로 어떻게 보냅니까?

A. 여가 시간에는 주로 취미인 조깅을 하면서 보내는 편입니다. 하지만 시간이 늦었거나 날씨가 안 좋을 때는 독서나 영화를 보기도 합니다. 중요한 것은 균형 있는 활동과 휴식을 통해 체력을 관리하며 업무 시간에 필요한 집중력을 확보하는 것이라고 생각합니다.

> **TIP** 시간 분배와 자기관리에 대한 체계적인 태도나 긍정적으로 업무 에너지를 회복하는 모습을 보이면 좋은 인상을 남길 수 있다. 이는 주어진 자원을 효율적으로 활용하고 장기적인 업무 수행에서도 안정적인 성과를 낼 수 있는 사람으로 평가 받는 데 도움을 준다.

Q. 자신만의 스트레스 해소법이 있습니까?

A. 스트레스를 받는 상황이 생기면 우선 감정적으로 반응하기보다 이성적으로 상황을 정리하고 마음을 다스릴 수 있도록 노력합니다. 스트레스 해소는 감정 배출이 아닌 문제를 해결하기 위한 정리 과정이라고 생각하기 때문에 짧은 산책이나 조깅으로 기분을 환기하는 편입니다.

> **TIP** 긍정적이며 건강한 방법을 제시하고, 구체적인 예시를 들어 자신만의 스트레스 해소법을 언급하는 것이 좋다. 이를 통해 압박 상황에서도 일의 균형과 효율을 유지할 수 있는 안정적인 지원자로 인식될 가능성이 높다.

Q. 가장 최근에 읽은 책은 무엇입니까?

A. 카시와기의 「데이터 문해력」을 읽었습니다. 데이터를 어떻게 해석하고 업무 의사결정에 활용할 것인지에 대한 책입니다. 데이터 활용 능력이 더욱 중요해지고 있는 시대인 만큼 데이터를 통해 실제 문제를 해결하는 방법을 이해하고자 읽었습니다. 책을 읽으며 데이터를 다루는 기술적 역량뿐만 아니라 그 속의 맥락을 이해하는 능력도 함께 키워야겠다고 느꼈습니다.

> **TIP** 자기 계발과 직무 역량 향상을 위해 노력하는 태도를 어필할 수 있는 질문이다. 단순히 책의 줄거리나 내용 요약을 말하기보다, 그 책을 통해 무엇을 느꼈고 어떤 점을 배우게 되었는지를 중심으로 답변하면 설득력이 높아진다.

> **Q. 자신을 리더라고 생각합니까, 팔로워라고 생각합니까?**

A. 저는 팔로워에 좀 더 가깝다고 생각합니다. 지금까지 상황을 분석하고 소통하는 능력을 통해 리더의 아래에서 팀을 하나로 만든 경험이 많았기 때문입니다. 그러나 좋은 팔로워의 경험이 있어야 좋은 리더도 될 수 있다고 생각합니다. 조율이 필요한 순간에는 앞장서서 의견을 모으고 정리하는 리더 역할도 마다하지 않고자 합니다. 팀의 성과를 위해 두 역할을 유연하게 수행하는 사람이 되겠습니다.

> **TIP** 자신의 강점과 역량에 대해 충분히 이해하고 있는 것이 중요하다. 구체적인 경험을 근거로 들어, 적절한 자리에서 스스로의 역할을 충실히 수행할 수 있는 인재라는 점을 설명한다. 가능하다면 한쪽만 일방적으로 강조하기보다 두 역할을 상황에 따라 조화롭게 수행할 수 있는 유연성을 보여주어도 좋다.

> **Q. 자신보다 어린 상사에 대해 어떻게 생각합니까?**

A. 나이보다는 개인이 가진 전문성과 역량이 더 중요하다고 생각하므로 개의치 않습니다. 실제로 인턴 활동 중 저보다 어린 선배와 함께 일했던 적이 있습니다. 그분은 업무 경험이 많고 문제 해결 능력이 뛰어났기 때문에 옆에서 많이 여쭤보고 배울 수 있었습니다. 조직에서 상사라는 사실은 그만큼 인정받은 경력이 있다는 의미이기 때문에, 나이와 관계없이 존중하며 배우는 자세로 임하겠습니다.

> **TIP** 조직 내 위계에 대한 이해도와 관계 유연성을 파악하기 위한 목적이 있다. 합리적인 근거와 경험을 토대로 연령보다 역량을 중시하는 성숙한 사고방식을 드러내는 것이 좋다.

> **Q. 상사가 업무와 무관한 사적인 일을 시킨다면 어떻게 하겠습니까?**

A. 먼저 지시받은 일의 목적과 필요성을 여쭤보겠습니다. 신입사원인 만큼 제가 해당 지시의 의미를 제대로 파악하지 못했을 수 있다고 생각하기 때문입니다. 그럼에도 명백히 업무와 무관한 사적인 일이라고 판단되면, 현재 더 필요한 업무에 집중하기 위해서 정중하게 거절하겠습니다.

> **TIP** 지원자의 문제 대처 능력, 윤리관 등을 평가할 수 있는 질문이다. 우선 상황을 객관적으로 파악하려는 시도 이후 합리적인 결정을 내리는 모습을 보이면 보다 긍정적인 평가를 받을 수 있다. 언행에서는 예의와 조직 존중의 자세를 잃지 않는 태도 또한 중요하다.

> **Q.** 과도한 업무가 주어져서 일과 개인 시간의 밸런스가 무너진다면 어떻게 하겠습니까?

A. 우선은 저의 업무 처리 방식을 점검해보겠습니다. 업무에 요령이 부족하거나 서툴러서 생긴 문제일 수 있으므로 이를 개선해야 한다고 생각합니다. 선배님께 효율적인 방법을 여쭤보고 불필요한 시간을 줄이는 법을 익힐 계획입니다. 그런데도 업무량이 과다하다고 느껴진다면, 팀 내 상급자분께 상담을 요청해 조율하겠습니다.

TIP 먼저 스스로 업무를 완수하려는 의지를 보이고, 개인의 역량을 넘는 불가피한 상황임을 인지했을 때는 구체적인 해결 전략을 제시하여 원만한 문제 해결 능력과 소통 능력을 갖추었음을 밝히는 것이 바람직하다.

> **Q.** 만약 이번 채용에 불합격한다면 어떻게 하겠습니까?

A. 겸허히 결과를 받아들이고 준비 과정에서 부족했던 부분을 점검하는 계기로 삼겠습니다. 특히 면접을 준비하며 느꼈던 제 역량의 한계나 보완이 필요하다고 생각한 부분을 중심으로 다시 정리하고, 관련 경험과 역량을 보완해 나가겠습니다.

TIP 채용 결과와 관계없이 지원자의 회복 탄력성, 직무에 대한 지속적인 관심과 준비 의지를 확인하고자 하는 질문이다. 감정적으로 반응하기보다는 자신에게 부족했던 점을 돌아보고 향후 계획을 성숙하게 수립하겠다는 태도를 보이는 것이 좋다.

시사용어사전

매일 접하는 각종 기사와 정보! 공기업/언론사/기업체/공무원 채용을 준비하는 수험생과
현대인이 꼭 알아야 할 최신 시사상식을 쏙쏙 뽑아 이해하기 쉽도록 영역별로 정리

경제용어사전

주요 경제용어는 거의 다 실었다! 금융권/공기업/언론사/기업체/공무원 채용을 준비하기 전에,
경제 공부를 시작하기 전에 읽어보면 경제가 쉬워지도록 사전식으로 구성

부동산용어사전

부동산에 대한 이해를 높이고 부동산의 개발과 활용, 투자 및 부동산 용어 학습에도
적극적으로 이용할 수 있는 교재, 공인중개사 출제용어도 수록

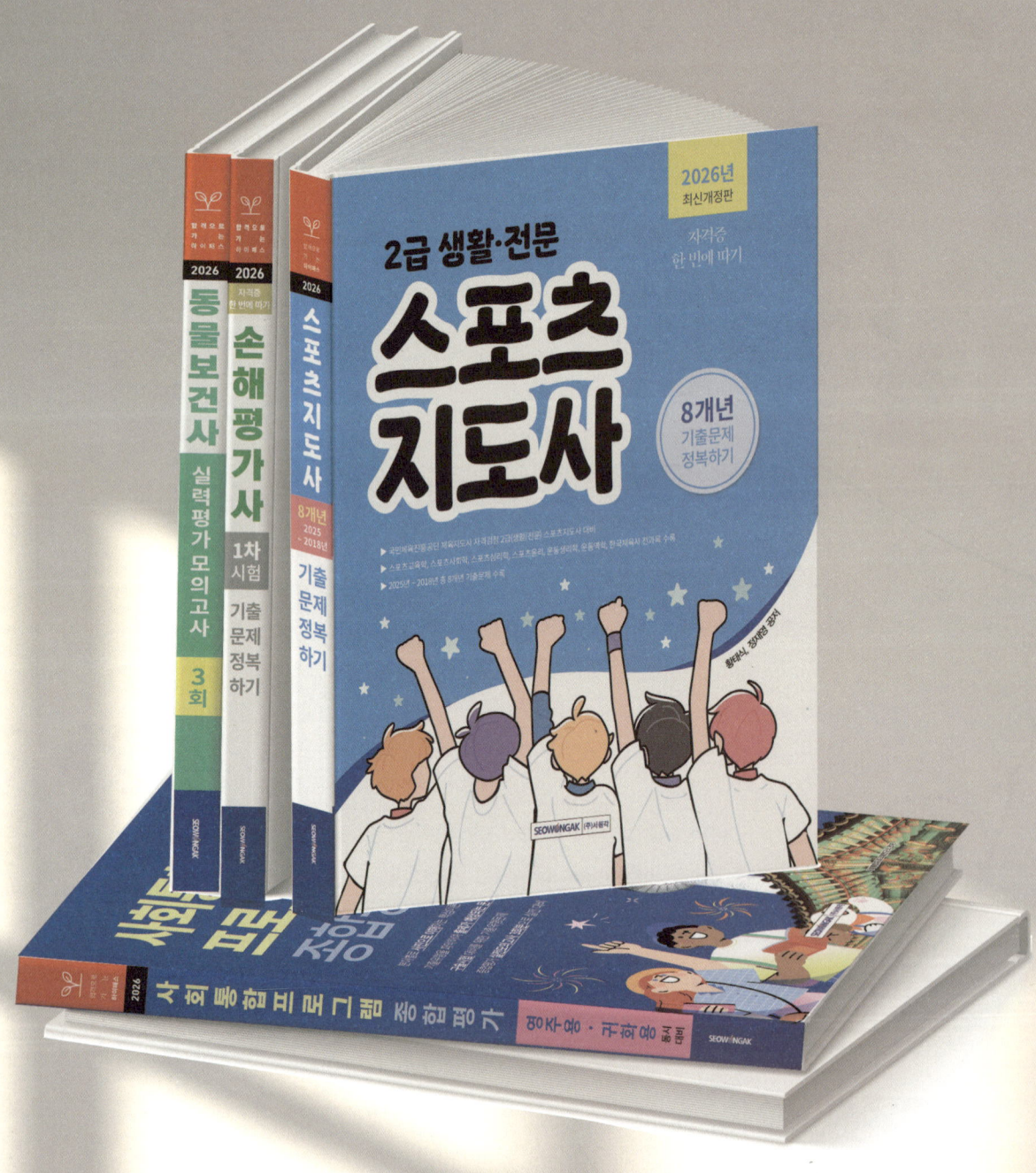